今尾恵介の

地図読み練習帳 100問

今尾恵介＝著

平凡社

問題を解く前に

地図といえば昨今ではPCやスマホで呼び出すものと決まっているようですが、そこに出てくる地図といえば、マンションや店、それに交差点名は詳しいのに、さっぱり景色が見えてきません。ところが昔ながらの地形図は「景色が見える地図」です。等高線や植生の記号などを用いて現地の風景を頭の中に再現できるような手法で描かれているからです。

もともと地形図はヨーロッパ各国の陸軍が国防のために19世紀頃から本格的に整備を始めたもので、PCもグーグルもない時代にあって、対象とする現地の地形や植生、集落の景観といった土地の概況を瞬時に人に伝える任務を負っていました。その間に実際に何度も戦争があって各所で実戦に役立てられていますが、一方でこの図は各種産業の発展にも欠かせない図面として、各方面で幅広く活躍するようになりました。

PC地図の隆盛の陰で存在感を減じつつある地形図ではありますが、記号化された図から人文・歴史を含めた広い意味での土地の景色を読める技能を持っていて困ることはありません。この練習帳は、今や昔の地形図から「景色を頭に浮かべられる技能」を体得していただく一助になることを想定して作られました。内容については著者・今尾の視点（趣味）が全面的に反映されており、重箱の隅つつき問題も少なくありません。常識人では解けないのが当たり前のような意地の悪い問題もありますが、各問題のすぐ後に配置した解説を読みつつ楽しんでいただければ幸いです。

目次

本書の使い方

本書は、

地図研究家・今尾恵介による問題集です。

「地図記号」、「読図の基本」、「地形を読み解く」、

「日本の地名と地理」、「世界の地図と地理」の

5つのジャンルのほか、巻末の「応用問題」により、

様々な角度から“地図読み”の力を試すことができます。

問題を解いたあとは、

自分の地図読み力をチェックしてみましょう。

127ページでは、正解数に応じた

あなたの「地図読みランク」を判定します。

それでは、どうぞ楽しく奥深い

地図読みの世界へ!

第1章

地図記号

まずは基本の地図記号!

地形図を彩る記号あれこれ　1:25,000「八王子」平成19年更新

問 1

Check! □

沖縄県内の地形図に存在しない記号を2つ挙げなさい。ただし学校や郵便局などの「建物記号」は除きます。

解説

いきなり基本から外れたような問題で申し訳ありません。沖縄県には鉄のレールを走る鉄道がないので「鉄道」が正解と勘違いしそうですが、沖縄にも鉄道事業法に基づくレッキとした鉄道、平成15年（2003）開業の「ゆいレール」こと沖縄都市モノレール線が存在します（戦前には県営軽便鉄道等がありました）。

ただし地形図の記号の中に「モノレール」という記号はありません。地形図に適用されている記号は、どこが経営主体であるかで区別した「普通鉄道（JR線）」 と「普通鉄道（JR線以外）」 という2種類の鉄道記号があり、その他に路面電車を表示するための「路面の鉄道」 （本来なら「路面の軌道」が正しいのですが）、そして森林鉄道や鉱山軌道、製鉄所内などのそれぞれ特別な役割を持った鉄軌道を指す「特殊鉄道」 が存在していますが、このうち「ゆいレール」は沖縄県や那覇市などが出資する第三セクターの沖縄都市モノレール株式会社が経営している普通鉄道なので、記号は「普通鉄道（JR線以外）」となります。県内にこれ以外の鉄道はありませんので、「普通鉄道（JR線）」をはじめ「路面の鉄道」「特殊軌道」も正解になります。実際にモノレールに用いられる場合は「普通鉄道（JR線以外）」に高架記号（橋の欄干のような）を添わせて表示するので、単線・複線の別が不明になってしまうのは記号設計のエラーです。「ゆいレール」は複線ですが、神奈川県の大船駅から湘南江の島駅を目指す湘南モノレールの全線が単線であることは、記号からは判断できません。

沖縄県にない記号をもうひとつ挙げなければなりませんが、同県は日本で最も温暖なところですので、たとえば主に中部山岳地帯から北東側にしか存在しない「万年雪」 、それに高山帯に特有の「ハイマツ地」 も正解になります。

この問題で建物記号を除外したのは、存在しないことを証明するのが大変だからです。ためしに「森林管理署」 を探してみると、県内にこの記号はありませんでした。九州森林管理局に属する沖縄森林管理署が那覇市内にあるのですが、他の役所とビル内で同居しているので、「官公署」 の記号です。不存在証明は大変ですが、他にもあるかもしれません。

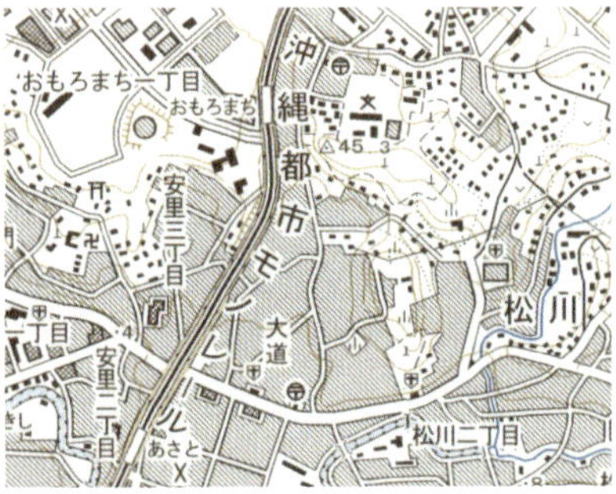

普通鉄道（JR線以外）で表現される沖縄都市モノレール。1:25000「那覇」平成20年更新 ×1.0

問 2

Check! □

次のうち、現行の2万5千分の1地形図の記号（平成14年図式または25年図式）として用いられているものはどれですか。

① 特別支援学校　② 税務署　③ 検察庁　④ 刑務所

解説

地形図の記号数は明治33年図式・同42年図式に310種類でピークを迎えましたが、多すぎると知名度が下がり、せっかく記号化した意味がありません。そんなわけで戦後は簡略化や整理統合が行われて、現在までに種類はほぼ半減しています。統合でなく記号そのものを廃止したものもありますが、これは対象そのものが少なく、注記（文字）によっても差し支えないものが選ばれました。

たとえば都道府県庁 ◎ という記号は全国に47か所しかなく、たいてい敷地に余裕があるので「県庁」と記しても他の事物を隠してしまうおそれもありません。鉄道記号のうち、車両側の歯車と噛み合わせる歯軌条の付いた「アプト式の部」という記号 に至っては、旧信越本線の横川～軽井沢間の1か所だけ（5万分の1地形図「軽井沢」）にしか適用されないまま大正6年図式で廃止されました。

学校は「学校教育法による学校」に限られるため、外国系の学校や各種学校、幼稚園などは含まれていません。記号として設定されているのは「小中学校」文「高等学校」⊗ があり、「大学等」(大)文（大学、短期大学、高等専門学校）はよほど市街地で混み合った場所でない限り固有名詞が記されます。① の特別支援学校も固有名詞を記しますので、記号はありません。

② の税務署 ◇ は明治33年図式で登場して以来ほぼ現在まで引き続き用いられている記号で、これが正解。ちなみに外国の地形図では元々建物の種類を示すこのような記号は少ないのですが、税務署の記号は他の国の地形図では見たことがありません。③ の検察庁の記号は戦後の昭和30年図式で彗星の如く（?）登場しました。裁判所記号 の△部分が黒い という記号で、マイナーチェンジをした昭和35年加除図式まで使われましたが、昭和40年図式で消えています。黒いイメージが嫌われたのか、なかなか薄命の記号でした。

④ の刑務所記号は明治28年図式で「監獄署及監獄支署」で登場し、その後は施設名が大正11年（1922）に刑務所と改められてからも同じ ✕ の記号が引き続き用いられてきましたが、こちらも昭和40年図式で消えてからは、固有名詞「府中刑務所」などのように記されています。ちなみに陸軍所轄のMマーク M が一緒に示されていれば「陸軍刑務所」です。

問 3

Check! □

従来の地形図は、空中写真で判別が難しい案件について現地調査で万全を期してきましたが、新しい2万5千分の1地形図（平成25年図式）では、省力化の目的もあり、記号の統廃合が行われました。廃止された記号はどれですか。

① 工場　② 送電線　③ 茶畑　④ 畑・牧草地

解説

平成14年図式から25年図式になり、3色刷が4色刷に変更されて地形図全体の色合いは大きく変わりましたが、その中で記号もいくつか廃止されています。まずは明治以来の輸出産業の花形であった生糸の生産を支える桑畑 Y がなくなったのは話題になりました。もちろん明治の頃に比べれば桑畑は激減しており、表示する対象がほとんどなくなった今となっては、廃止は必然的な流れなのかもしれません。日本らしい植生記号でしたが、そのもうひとつの事例である ③ の茶畑 ∴ の方は、まだまだ実際に多く存在していますので、引き続き使われています。

その一方で廃止があまり知られていないのが ① の工場記号 ☼ です。工場といっても街中にあって住居兼用の町工場のようなものには適用されず、平成14年図式では「地域の状況を考慮して好目標となるものに適用する」とありました。さらに大きな工場（敷地が125メートル四方以上）については「名称を注記することができる」とあり、たとえば「新日鐵住金君津製鉄所」といった文字が広大な敷地に記されています。大工場についてはそのような注記があるので記号なしでも迷いませんが、中小の工場は建物の平面形だけでは倉庫か大規模な店舗か見極めがつきにくくなりました。従来なら工業団地のような場所は工場記号がいくつも集まっていて一目でわかりましたが、今ではショッピングセンターやバイパスのロードサイド店の集まりと区別がつきませんので、これは地形図の表現能力の大きな後退となりました。記号の復活を望みたいところです。

② の送電線 —┼———┼— については廃止が検討されていましたが、撤回されて従来通り表記されることに落ち着いています。送電線廃止の検討理由としては「テロ対策」の側面もありったと聞いていますが、グーグルアースで全国の送電線が把握できる今ではあまり説得力がありません。送電線記号を存続させる大きな力となったのが、地形図のヘビーユーザーである登山家たちの意見でした。山の中で地形図によって現在地を把握する際に、送電線の存在がいかにありがたいかは経験者なら誰でも知っていますから。姿の見えないテロリストに怯えて送電線を消し、道に迷う登山者が続出してはまさに本末転倒です。

問 4

Check! □

日本の鉄道等の記号は世界でも珍しく「JR線」および「JR線以外」という経営主体によって区別されていますが、次の記号のうち、「普通鉄道(JR線以外)」の記号で表示されるのはどれですか。

① ロープウェイ　② ケーブルカー　③ スキーリフト　④ 森林鉄道

解説

「普通鉄道(JR線以外)」の記号  は、JRが発足する以前は「民営鉄道」とされていたものです。しかしこの記号は意外に新しく、デビューは戦後の昭和30年図式でした(私設鉄道の記号として)。いわゆる「三公社」の一角を占めていた日本国有鉄道が分割民営化されたのは昭和62年(1987)ですが、この時に従来ハタザオ(国鉄記号の形状から)と呼ばれていた記号がすべて民営鉄道の記号になるのかと個人的には楽しみにしていましたが、当時全国に約2万キロあった国鉄路線をすべて差し替えるのは非現実的だったようです。また、私鉄と国鉄という分け方が定着していたユーザーにとっても、たとえば山手線と小田急線が同じ記号で表記されていたら違和感があったかもしれません。

この記号は「JR線以外」ですから、いわゆる私鉄のほかに市営・都営など公営交通や第三セクターも該当しますが、①～④の選択肢を順に検討してみると、まず①のロープウェイは「索道(リフト等)」  という専用記号があり、③のスキーリフトもそれと同記号です。常設のベルトコンベアもこの記号ですが、もちろん工事現場などにおける一時的なもの、小規模なものは含まれません。具体的には石灰石を鉱山からセメント工場まで運ぶための20キロ以上に及ぶ長距離の施設などもあり、他にも山砂を船積みするためのベルトコンベアなどもあります。

②のケーブルカーは、戦後の一時期に索道の記号が用いられた事例がいくつかありましたが、なぜこれを使ったか原因は不明です。ロープウェイと同じようなものと解釈したのでしょうか(自力で走らず鋼索《こうさく》〔ケーブル〕によって動くという意味で)。鉄道関連の記号には、ほかに「特殊鉄道」という記号もあります。こちらは④の森林鉄道(軌道)や鉱山軌道などに用いられてきましたが、徐々に対象が少なくなって出番はほとんどありません。今では屋久島に残っている安房《あんぼう》森林鉄道のほかは製鉄所内の軌道などに限られています。

正解 [問1] 万年雪、ハイマツ地、普通鉄道(JR線)など　[問2] ②

問 5

Check! □

次のうち「独立建物」の記号で表示されているものはどれですか。

① 落石覆い　② ガスタンク　③ ビニールハウス　④ 体育館

解説

建物といっても千差万別ですが、地形図ではおおむね「建物」と「無壁舎」に分類しています。平成14年図式までは「独立建物」という表現で、これはハッチ（密集した斜線。中高層建築街の場合はダブルハッチ〔格子模様〕）でまとめて描かれる総描建物に対して、個別の建物をそれぞれの平面形（たとえばコの字形など）で表現するものです。このうち「独立建物（大）」はおおむねオフィスビルや学校、マンションなどに用いられるもので、平面形を少し太めの輪郭で囲った内側をハッチで満たしたものです（中高層建築物の場合はダブルハッチ〔格子形〕）。

これに対して「独立建物（小）」は黒い小さな四角形で、1軒1軒の家屋がそれほど密集せずに並んでいる様子を示しているものですが、必ずしも1つの黒四角形が1軒を表わしているものではなく、「このような具合に並んでいる」という景観をイメージとして表現しています。もちろん山小屋のように周囲に家屋のない場所であれば1つの四角形が1軒に該当するのは言うまでもありません。平成25年図式では従来の図式のようにハッチで密集市街地を表現することは原則としてありませんが、元資料の都合で1軒1軒が表示できない場合は従来のハッチの代わりに薄い赤の表現が用いられることもあります（ダブルスタンダード！）。ちなみに製版の方式により、いわゆる「網点」はありません。

これらに対してはは無壁舎。文字通り壁がなく屋根のあるものが基本で、平成25年図式で例示されているものでは「飛行機の格納庫、市場、動物園の檻、温室、畜舎等」とありますので、ここでは ③ ビニールハウスが該当します。さらに壁と屋根の境目がはっきりしない ② ガスタンクや石油タンクも同様。それに明かり窓のある ① 落石覆い（雪覆い）も無壁舎です。

野球やサッカーなどのスタジアムで一部屋根のあるものは、その屋根部分のみ無壁舎記号が用いられますが、ドーム球場のように全体が覆われているものは独立建物の扱いです。ゆえに ④ の体育館は独立建物おおむね「独立建物（大）」以外に考えられません。スタジアムと同様に駅の屋根のある部分を無壁舎記号で表わすこともあります。ただしプラットホームの屋根をすべてこれで表わせば無壁舎記号だらけになってしまうので、実際には矩形の駅記号のみの駅が多く、橋上駅舎の部分のみを無壁舎記号にする運用がふつうです。

問 6

Check! □

裁判所の記号 ♤ について、次の解説のうち、正しいものはどれですか。

① 明治期には判決文を△の記号から始めたためこの記号になった。

② 江戸時代に「触れ」を掲示した高札を図案化した。

③ この記号は家庭裁判所・簡易裁判所には用いられない。

④ かつては検察庁にもこの記号が用いられていた。

解説

裁判所の記号 ♤ は明治17年から整備された仮製図式(関西の2万分の1)に遡る古い記号で、しかもモデルチェンジが行われていません。全国には最高裁判所をはじめ、札幌・仙台・東京・名古屋・大阪・広島・高松・福岡の8か所に設けられた高等裁判所、それに各都府県に1か所ずつ、北海道に4か所ある地方裁判所(家庭裁判所も)、それに全国438か所に置かれた簡易裁判所があります。このうち最高裁は「最高裁判所」と注記があるので記号はありませんが(図式に「注記する」と定められている)、その他の下級裁判所にはこの記号が用いられています。なお地方裁判所と家庭裁判所が同居している場合でも記号は1つで済ませ、重ねることはしません。

簡易裁判所は非常に多いので、注意して地形図を観察していると、意外に小さな町や村に置かれていることもあります。たとえば青森県の鯵ヶ沢町《あじがさわまち》、福島県の棚倉町《たなぐらまち》、伊豆諸島の新島《にいじま》、山梨県の鰍沢《かじかざわ》(富士川町)など、離島を除けばかつての地方の中心地域であったところが多いようです。ということで ③ は誤り。

さて、この記号のルーツは古代から明治の初期まで連綿と用いられてきた高札《こうさつ》(制札)の形ですので正解は ② 。つまり法的な決定を一般に周知させるための掲示板で、四角に屋根が付いた形の五角形であったものを簡略化したものです。高札場はかつては町や村の人通りが多い辻に設けられることが多かったことで、その場所は「札ノ辻《ふだのつじ》」と呼ばれました。広重の「東海道五十三次」でも日本橋の絵では橋のたもとにいくつもの高札が並んだ高札場が描かれています。

その他は口から出まかせのダミー文章が並んでいますが、④ の検察庁 ♠ は昭和30年図式と35年加除図式で裁判所の三角形を黒くしたものが検察庁の記号として登場していますが(ゆえに④は誤り)、昭和40年図式では消えたので、有数の短命の記号となりました(問2参照)。

問 7

Check! □

鉄道の記号について説明した次の文章のうち、誤っているものはどれですか。

① JR線の記号は、かつて私鉄（軌道を除く）にも用いられていたことがある。

② 索道《さくどう》（リフト等）の記号は、常設のベルトコンベアにも用いられる。

③「JR線以外」の鉄道の記号はモノレールや地下鉄の地上部分にも適用される。

④ JRの路線の中でも貨物専用線は「JR以外」の記号が用いられている。

解説

鉄道の記号については問1・問4でも解説しましたが、いわゆるハタザオ記号（ハタザオのように黒白交互に塗り分けられたもの）が古くから用いられてきました。もっとも黎明期の地形図である迅速測図や仮製図の記号では二条線ですが、これら初期の図式は他の分野の記号もだいぶ違います。

さて、① で言うJR線の記号 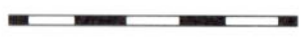 は分割民営前の国鉄記号ですが、ドイツから直輸入したこのハタザオ記号を最初に用いたのは明治24年図式の「鉄道」でした。複線の場合（「二軌」と称しました）はこのハタザオの白い部分を縦に二等分しています  （現行図は  ）。しかしこの記号が登場した時代の日本では幹線鉄道も日本鉄道（東北・常磐線など）や山陽鉄道（山陽本線）のように私鉄がメインであったため、官営か私鉄かを図上で区別することはなく、どちらも蒸気機関車が客車・貨車を牽引するタイプの鉄道であればこの記号が用いられました。ゆえに ① は正しい表現です。

これがフル規格の鉄道とすれば、軌間が狭く比較的小型の車両が用いられる「軽便鉄道」 は、白い部分を長くした新たな記号として明治28年（1895）図式から追加されています。その後は政府による鉄道敷設振興策として規制緩和された軽便鉄道法による軽便鉄道も登場していますが、国鉄と同じ軌間のものには軽便鉄道の記号は使われなかったようです。

② の索道記号  ですが、問4の解説の通りベルトコンベアにも適用されていますのでこれは正しい。③ のモノレールは問1で述べた通り適用されますが、地下鉄の地上部分も「JR線以外」ですから同様です。④ のJRの貨物専用線は全国にそれほど多いわけではありません。具体的には日本貨物鉄道（株）つまりJR貨物（第一種線）の酒田～酒田港（山形県）、香椎《かしい》～福岡貨物ターミナル（福岡県）などがありますが、いずれも普通のハタザオです。

これに対して私鉄の貨物専用線（神奈川臨海鉄道など）だけは、平成14年図式で短線のないただの太線 — の新記号が定められましたが、1本線の道路（軽車道）と紛らわしいためか、平成

25年図式では旅客を扱う「JR線以外」と同じ記号に戻りました。ちなみに戦前の図式では馬車鉄道をルーツとする電気軌道などは、今でいう特殊鉄道のような短線の間隔が詰まったもの（複線）（単線）が用いられ、それが高性能化して高速電車が走るようになっても、しばらくはこの「軌道記号」でした。正解は ④ です。

問 8

Check!

「田」の記号は水稲以外の作物にも用いられることがある。次の中で「田」の記号が用いられない作物はどれですか。

① 陸稲《おかぼ》　② ワサビ　③ イグサ　④ レンコン

解説

田んぼの記号といえば、稲穂が風にそよぐ見渡す限りの田んぼを思い浮かべがちですが、必ずしもイネが栽培された田んぼだけに適用されているわけではありません。畳表の原料となるイグサ（藺草）や、長野県の安曇野《あづみの》ではよく見かけるワサビ（山葵）田にも適用されています。また、茨城県などで胸まで浸かって収穫するレンコン（蓮根）も同じく田んぼの記号です。要するに耕地に水を張って作物を栽培する場所に、地図記号でいうところの「田」という記号が適用されるもので、この記号はイネという作物に対応しているわけではありません（もちろん大半がイネですが）。ですから ① の陸稲はあくまで畑で栽培されるものなので「畑・牧草地」の記号 ∨ が用いられるのです。

地形図の記号は土地利用と景観を優先しているようで、これは果樹園 にもあてはまります。果樹園といえば「果物を栽培しているところ」と誤解されがちで、リンゴやミカンといった実際に「果樹に生《な》る果物」はこれが適用されていますが、パイナップルやスイカなど果樹ではなく畑で栽培されているものについては畑の記号になります。イチゴはハウス栽培が多いので、その場合は無壁舎（問5の解説参照） の記号です。

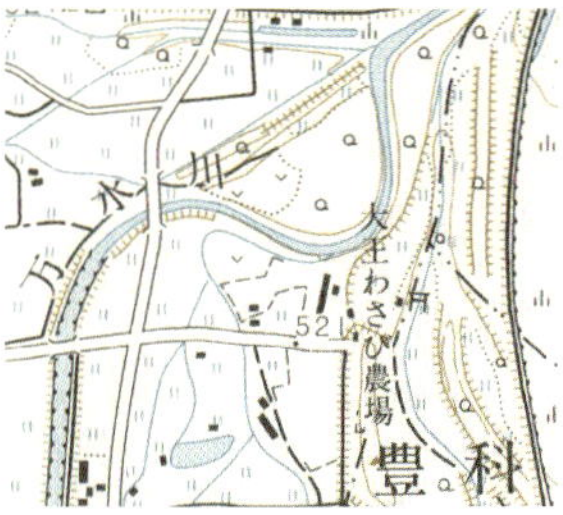

わさび農場に田んぼの記号が使われている。　1:25000「明科」平成13年修正

なお戦前の図式では田んぼは乾田 ・水田 ・沼田 の3種類に分けられていました。今の田んぼはおおむね乾田（時期により水を張る）で、沼田はあまり見られません。これだけ細かい分類をした理由は、地形図が軍事優先であったことから、歩兵部隊が上を通過できるかの目安となるよう定められたとされています。

問 9

Check!

1:25,000地形図の記号（平成14年図式）について、空欄となった（ア）～（キ）の記号で表される対象はそれぞれ①～④のうちどれですか。

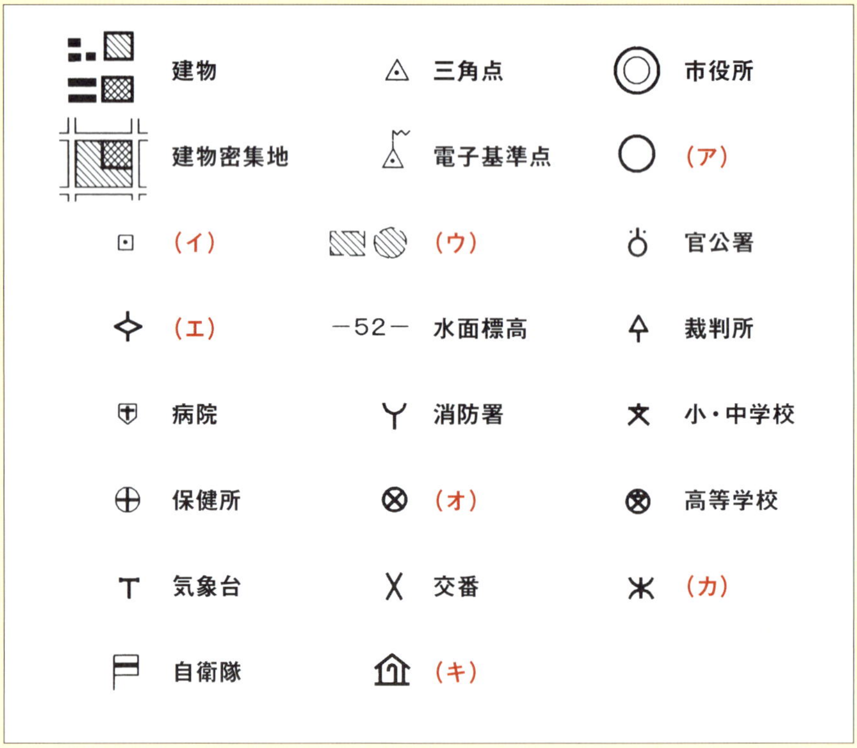

（ア）①政令指定都市の区役所　②市民会館
③市役所の支所　④北海道の総合振興局・振興局庁舎

（イ）①標高点　②境界標　③水準点　④建物上の三角点

（ウ）①ガスタンク　②建設中のビル　③廃屋　④ダム

（エ）①労働基準監督局　②税務署　③合同庁舎　④県の支庁

（オ）①隔離病舎　②拘置所　③駐在所　④警察署

（カ）①森林管理署　②貯木場　③商工会議所　④法務局

（キ）①幼稚園　②老人ホーム　③観光案内所　④図書館

解説

日本の地形図は建物記号の種類が多いのが特徴です。右上の市役所の記号は明治24年図式から登場したもので、市制・町村制という2つの法律に基づいて明治22年(1889)に市が誕生したのを受けて定められました。(ア)は町村役場の記号ですが、これには政令指定都市の区役所も含まれていますので正解は①。②の市民会館はこれまで地形図の記号になったことはありません。③の支所はあってもよさそうですが、残念ながらありません。しかし平成の大合併で市町村数が1700台にまで激減した今、地形図が約4500面もあることを考えれば、支所が旧町村の役場であり、その地区の中心であることを示唆するものでもあり、そろそろ記号化されてもよさそうです。④の総合振興局はかつての「支庁」で、以前は ⬭ という記号がありましたが、昭和40年図式から県庁などと同様に文字で「総合振興局」(「振興局」も同じ)と表記されています。

(イ)は地形図では重要な基準点で、③の水準点が正解です。験潮場(後述)で求めた東京湾の平均海面から導き出した永田町一丁目の「日本水準原点」の標高(東日本大震災後に測り直した標高24.3900メートル)から道路沿いに水準測量を行った結果が示されています。これは東京から地続きの本州だけではなく、「渡海水準測量」を行っている北海道や九州、四国および近い島々には適用されていますが、沖縄県などの離島はそれぞれ高さの基準となる海面を設定しています。ちなみに①の標高点は「・」が該当し、小数点以下が示された数値は現地で測量したもの、整数のものは写真測量によって判読した値です。④の「建物上の三角点」は地上の三角点と同じ記号。この場合、高さの表示は建物上のもので地面とは異なるので要注意です。

(ウ)は無壁舎ですので①が正解です(問5の解説を参照)。③廃屋の記号はなく、図上に示された建物が実際に使われているかどうかは知る由もありません。廃村に取り残された家屋も当然ながら描かれます。(エ)は算盤《そろばん》の玉を図案化したもので②税務署が正解。労働基準監督局や合同庁舎はおおむね右上の官公署記号  が用いられます。(オ)の①隔離病舎は戦前の図式では一般病院とは別でしたが(現在の病院記号と同じ。当時の病院記号は )、その後統合されました。②拘置所は文字表記、③駐在所はその下にある交番(かつての派出所)と同じ記号です。もとは警察署が ✕ の記号(警棒または六尺棒の交叉)でしたが、昭和30年図式で派出所・駐在所を新たに設けた際に、⊗ 囲みを警察署に変更しました。

(カ)これは木という文字の篆書体《てんしよたい》で、文字通り木を扱う森林管理署(かつては営林署)を示しています。②の貯木場は別に材料貯蓄場(昭和30年図式からは材料置場)として鳶口《とびぐち》を図案化した という記号がありました。元は貯木場のみが対象で、その後石炭置場などにも適用しましたが、昭和40年図式で廃止。(キ)は小中学生対象の公募作品を基に決められた記号で、家の中に杖を描いて老人ホームを示しています。

正解 [問7] ④ [問8] ①

問 10

Check!

1:25,000地形図の記号（平成14年図式）について、空欄となった（ア）～（キ）の記号で表される対象はそれぞれ ① ～ ④ のうちどれですか。

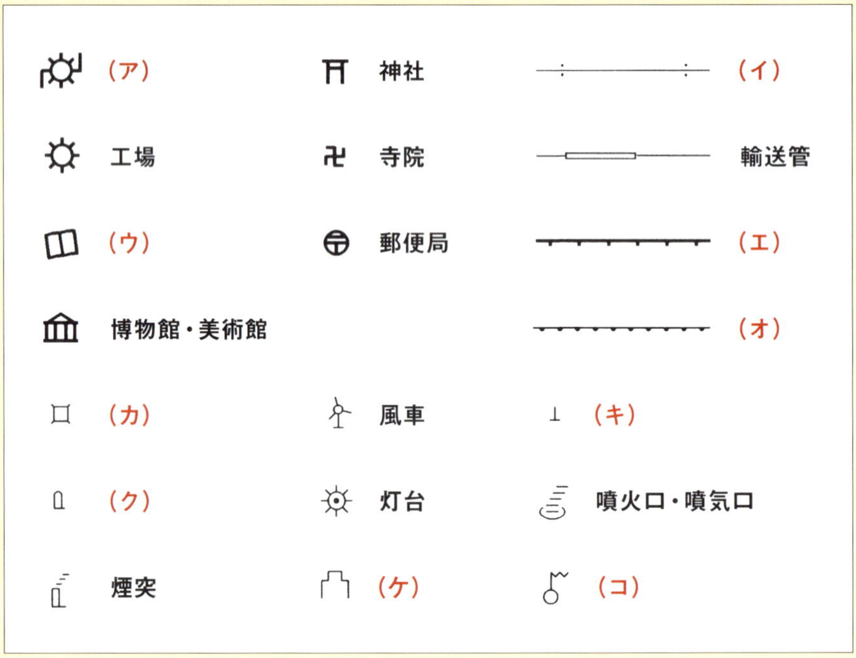

（ア） ① 発電所　② 市民会館　③ 鉄道の電化区間　④ 水車

（イ） ① リフト　② ケーブルカー　③ 送電線　④ 普通電線

（ウ） ① 太陽光発電所　② 図書館　③ 印刷所　④ 公文書館

（エ） ① 路面の軌道　② 生垣　③ 塀　④ 擁壁

（オ） ① 路面の軌道　② がけ　③ 盛り土　④ 擁壁

（カ） ① 寺院の五重塔　② 水準点　③ 駅舎　④ 自衛隊の歩哨所

（キ） ① 墓地　② 記念碑　③ 道標　④ 灯籠

（ク） ① 墓地　② 記念碑　③ 洞窟の入口　④ トンネルの入口

（ケ） ① 鉱山（閉山）　② 記念碑　③ 古墳　④ 城跡

（コ）①風力計　②電波塔　③スイカなどの果物畑　④灯籠

解説

建物記号とその他の記号です。(ア)は図に登場する頻度は高いのに意外に知名度がありません。明治33年以来の①発電所記号ですが、変電所を含みます。昭和30年図式では変電所が別の記号  として登場しましたが、昭和40年図式で統合されました。③鉄道の電化区間は日本の地形図には登場したことがありません。④水車の記号  は長らく使われてきましたが、実物の減少を受けてか、昭和30年図式で廃止されました。

（イ）①リフトや②ケーブルカーは問4を参照してください。この記号は③送電線です。かつては「電線(普通)」と「電線(高圧)」に分けられていましたが、④普通電線が一般化したのに伴って昭和30年図式で廃止され、現在では2万ボルト以上の高圧送電線のみが表記されています。(ウ)①の太陽光発電所に特別な記号はなく、最大出力500キロワット以上なら発電所  の記号が用いられています。正解は②の図書館で、平成14年図式で登場した新しい記号です。本を開いた形を図案化しました。③印刷所や④公文書館に記号が設けられたことはありません。(エ)はかつて①の路面軌道(単線)がこれに似た記号でしたが、今は違います。正解は③の塀で、工場や刑務所にあるような規模の大きなものが対象です。残念ながら平成25年で廃止されました。その昔は②生垣を始め、板塀とか鉄柵など細かく決められていたので、明治・大正期の1万分の1地形図からは現在の地形図より風景がリアルに伝わってきます。

（オ）は(エ)に似ていますが、黒い半円形が付いた線で、これは④の擁壁です。②がけ  、③盛り土《ど》  はいずれも茶色で印刷されていますので区別は容易です。このうち盛り土・切取部(切り通し)は平成25年図式で表示が大幅に減りました。高速道路や鉄道がどのような所を走っているかの微細な状況がわかりにくくなったので、「復旧」が望まれます。(カ)は高塔記号で、①の五重塔などは含まれます。戦前の図式では「梵塔」という記号  で他の高塔とは区別していました。②水準点は問9の解説を参照。③駅舎および④自衛隊の歩哨所《ほしょうじょ》の記号はありません。(キ)は①墓地の記号で、②は次問の正解。③道標と④灯籠はいずれもかつて存在した記号ですが、今はありません。(ク)は②記念碑で、これには銅像(かつては立像として別の記号)や屋外の大仏なども含まれます。(ケ)は④城跡です。閉山した鉱山については著名なもの、好目標になるものは採鉱地(鉱山)記号 に「(廃坑)」の注記を添えて表記されることがあります。古墳の一部はかつては「陵墓」という記号 で表わされていましたが昭和40年図式で廃止、現在は「○○天皇陵」のように注記されます。(コ)は②の電波塔で、③の「スイカなどの果物畑」はふつうの畑記号。

正解　[問9]（ア）①　（イ）③　（ウ）①　（エ）②　（オ）④　（カ）①　（キ）②

問 11

Check! □

図中の◯で囲んだ A ～ E の集落等の説明としてふさわしい文を下の ① ～ ⑤ から選びなさい。

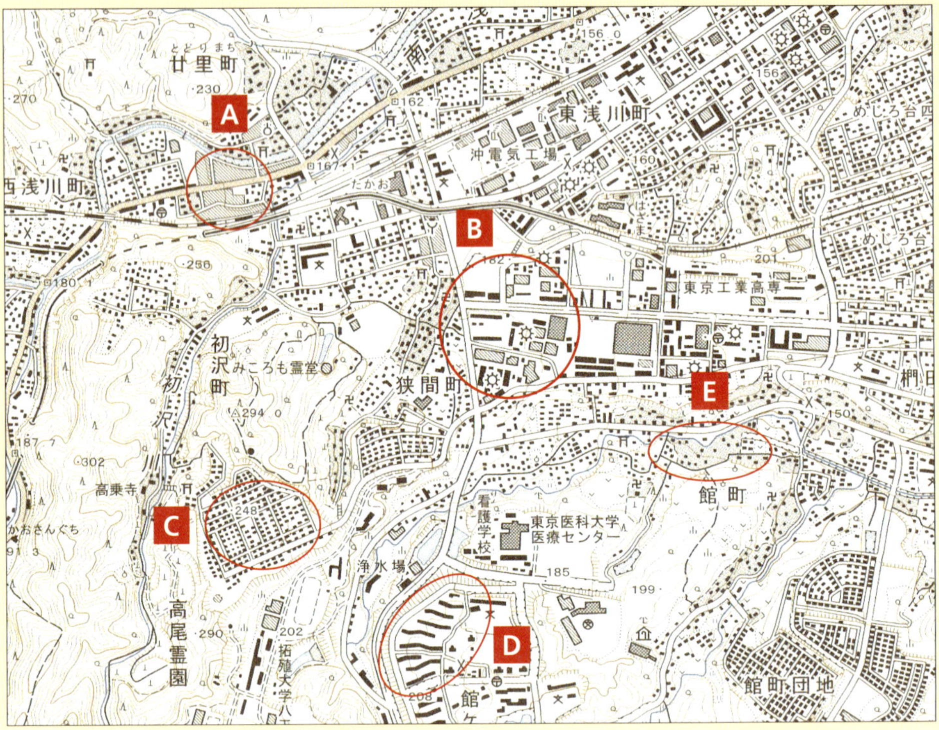

1:25,000「八王子」平成19年更新 ×1.05

① 戦後の高度成長期以降に山地を平坦化して分譲された住宅地

② 高度成長期以降に丘陵地を整地して建設された中高層集合住宅群

③ 古くから街道沿いに発達した密集市街地

④ 川沿いに発達した農家を中心とする古くからの集落

⑤ 戦後になって台地上に進出した工業団地

解説

AからEまでの集落・市街地の風景をまずは地形図で読んでみましょう。AはJR線の北側に沿った国道 (茶色の網表示)の両側にハッチ(高密度の斜線)で表現された密集市街地 が描かれ、また駅の近くでもあることから、古くからの集落であることが容易に想像できます。高尾駅の近くには水準点 もあり、明治以来の旧街道である可能性が高そうです。

Bのエリアはこれに対して直線的に大きく分割された街区が印象的で、そこにいくつか工場記号 が見えます。このことから、一帯は工業団地として造成された可能性が高いと思われます。Bのエリアの円の西側はこれと対照的に不規則な道路が見えるので、こちらは古くからの集落でしょう。Cは山に囲まれたエリアですが、整然たる区画に規則的に家屋が並んでいます。同じように黒抹家屋(後述)が並んでいるということは、自然発生的に形成された集落ではなく、一時期に造成された分譲住宅地であることはほぼ間違いありません。この住宅地の南側には「土がけ」記号 が描かれており、そこからは拓殖大学のグラウンドを見下ろせる高低差があります。この集落の南西部にポツリと建つ丸い「無壁舎」記号 は、おそらくこの住宅地に給水するための水道施設ではないでしょうか。

Dは西側に4車線の比較的新しそうな道路が走り、「土がけ」の記号が比較的大規模であることから、丘陵地を造成したものでしょう。細長い独立建物が何棟も並んでいるのは典型的な団地の風景で、すべて東西に細長いのは、南向きの部屋が連なっていることを示しています。

これに対してEは対照的で、まず規則的な街路は見当たらず、集落全体の家屋が比較的まばらで、しかも網が掛けられてグレーの「樹木に囲まれた居住地」であること、それが農村由来のものであることを示唆しています。また自然発生的な道路の曲がり方を見れば、古くからの集落であることが想像できます。川の東端は護岸工事が終わっていますが、集落を流れる部分は昔ながらの蛇行が見られるので未改修なのでしょう。

これらの観察を当てはめれば、Aは③「古くから街道沿いに発達した密集市街地」で、Bは⑤「戦後になって台地上に進出した工業団地」、Cは①「戦後の高度成長期以降に山地を平坦化して分譲された住宅地」、Dが②「高度成長期以降に丘陵地を整地して建設された中高層集合住宅群」、Eが④「川沿いに発達した農家を中心とする古くからの集落」となります。

このような読図は、この平成14年図式までの地形図では可能でしたが、同25年図式以降は困難になりました。工場の記号、密集市街地のハッチ、それに「樹木に囲まれた居住地」などの表現をそれぞれ廃止したことにより、集落・市街の「顔つき」は確実に見えにくくなっています。地形図本来の「現地を再現する表現力」が大幅に減少したのは寂しいことです。

正解 [問10] (ア)① (イ)③ (ウ)② (エ)③ (オ)④
(カ)① (キ)① (ク)② (ケ)④ (コ)②

Column

地図読みがもっと楽しくなる5つの話

こんなに多かった！ 地形図の記号

下の記号は2万分の1正式地形図（明治41年測図）の欄外に印刷された「明治33年図式」の記号（タイトルは「符号」）です。現在使われていない記号が目立ちますが、特に注目は左段5番目から。上から順に坑工牆《かんこうしよう》、木柱《もくちゆう》圬牆《おしょう》、鉄柵、木柵、板牆、竹牆、生籬《いけがき》と土地を区切る構造物が7種類もあります。現代語に訳すと煉瓦塀（コンクリート塀）、築地《ついじ》塀（木柱に土壁）、鉄柵、木柵、「牆」は土塀や垣根なので、あとは板塀と竹垣、生籬は生垣です。ここまでこだわった理由は何だったのでしょう。

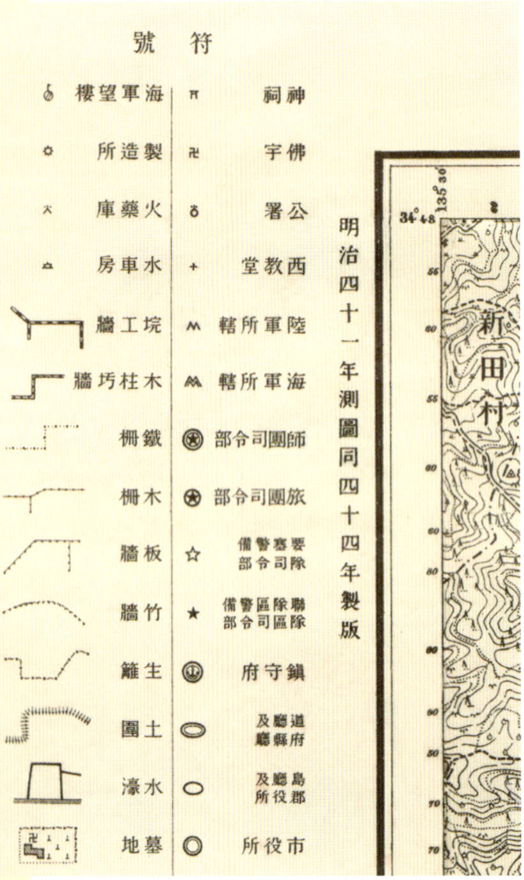

明治33年図式による1:20,000正式地形図の記号（符号）。
「吹田」明治41年測図より ×1.16

いずれにせよ、これだけの選択肢が設定されているからには現地調査を徹底しなければ記号は描けません。当時の地形図というものが、現在よりいかに手間暇をかけて作られていたかという証拠です。おかげで明治・大正期の風景は、細分化されたこれらの記号によって非常にリアルに現代に伝えられていますが、残念ながら記号というものは、種類が多くなればなるほど「読める人」が少なくなるというジレンマに逢着します。このため、特に戦後になると、世の中の「民主化」と軌を一にして整理統合または廃止され、記号の総数は半減しました。

たとえば上の7種類の記号は大正6年図式では坑工牆、石障牆、牆（木や鉄など材質を問わず）、柵（同様）の4種類にすでに統合されていますが、昭和30年図式では「障壁（コンクリート・石・れんが）」と柵の2種類だけとなり、さらに昭和40年図式では単に塀だけとなりました。その後、半世紀はこれが継続しますが、ついに平成25年図式で塀も廃止されました。もちろんこの記号の適用は工場や刑務所などの大規模なものに限られていましたが、現地調査を省略する流れは止まりません。グーグルの「ストリートビュー」で何でも見えてしまう世の中では不要、と言われればそれまでですが。

第2章

読図の基本

等高線、縮尺…
地図を読むために
必要なこと

緩急自在—地形を語る等高線　1:25,000「大多喜」平成16年更新

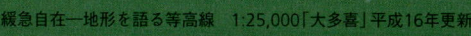

標高

問 12

Check! □

次の地形図について、次の問いに答えなさい。

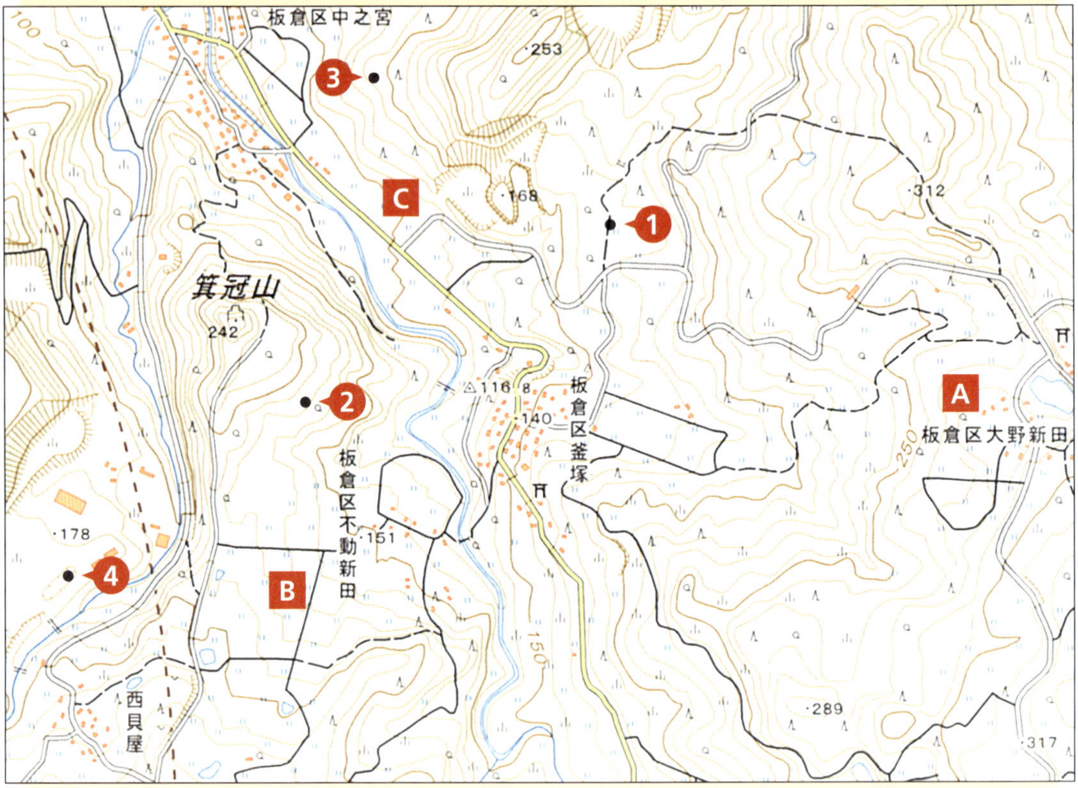

1：25,000「新井」平成13年改測　×1.33

a） ①〜④のうち、標高が最も高い地点はどれか。等高線を読んで答えなさい。①〜④の高さとは、数字左の「・」の高さを意味しています。

b） あるカメラマンが、昔ながらの棚田を撮影したいと考えています。この棚田が具体的には「圃《ほ》場《じょう》整備がまだ行われておらず、自然な地形の上に築かれた田んぼ」を意味するとして、上図の A 〜 C の地点のうち、その目的に最もふさわしい場所はどのあたりでしょうか。等高線を読んで答えなさい。

解説

a)は標高を問うものですが、等高線が読めさえすれば簡単です。もちろん場所によっては読み取りが多少面倒なところもありますが。日本の1:25,000地形図の等高線は基本的に10メートル間隔で、その間隔の主曲線(細い線)と、読み取りを助けるために50メートル間隔の計曲線(太い線。英語ではindex contour line)が併用されています。これに加えて緩い起伏を細かく示すために5メートルまたは2.5メートル間隔で入る補助曲線(細い破線)の3種類が用いられています。厳密にいえば主曲線は10、20、30、40、60メートル(以下同様)、計曲線は0、50、100メートル(以下同様)、補助曲線は2.5(場合によって)、5、(7.5)、(12.5)、15メートル(以下同様)という具合に入っています。

図の範囲は起伏が比較的大きいので、補助曲線はほとんど使われていませんが、よく見れば右下の289メートルの標高点を囲んでいる285メートルの補助曲線、さらにその2本北側で途切れている275メートルの補助曲線などがわかります。この標高点は小数点がないので現地へ行っても標石はありませんが、読図にはとても参考になります。

手がかりとなる点のない場所での標高の読み取りは、手近な計曲線(太い線)を探し、それを追えば等高線の標高を示す茶色い数字にたどり着きます。この場所でいえば「板倉区大野新田」の左にある「250」がそれで、そこから主曲線を260、270、280と数え、もしこの標高点がないと仮定しても、補助曲線から285～290メートルの間であることはわかります。①は左の150メートルの等高線を手がかりに数えて約165メートル、②は箕冠《みかぶり》山の242メートルの下の計曲線が200メートルであることから、そこから下がって185メートル程度でしょう。山頂に城跡の記号がありますが、中世に信越国境警備のための箕冠城が置かれていました。③は右側の253メートルの標高点をヒントに145メートル程度とわかります。④は等高線の内側に「トゲ」のついた凹地等高線で囲まれているので窪地です。直近の178メートルの標高点から、そのすぐ脇の等高線が180メートルであることがわかりますので、この凹地等高線も180メートル、その内側ですから178メートル程度でしょう。従って最も標高が高いのは②です。

b)は「昔ながらの棚田」が残っている場所を等高線から探そうとするもので、これは「教科書的」に考えてもわかりません。そのような棚田は機械化が進む以前に開墾されたものですから、元の地形をかなり忠実になぞっているはずで、そうであれば自然な等高線のカーブに田んぼ記号が並んでいるはずです。そう考えればAが最も自然な等高線でしょう。Bは等高線が直角的な折れ線なので圃場整備が行われたと考えて差しつかえありません。Cはさらに下流ですが、これも圃場整備後らしい直角等高線が見えますし、あまり標高差がない所なので、棚田らしい棚田にはなっていないはずです。

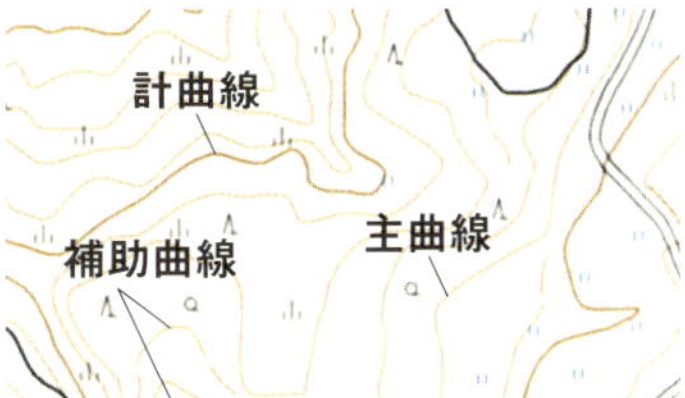

主曲線と計曲線、補助曲線の例。 22ページの地図の右下部分

正解 [問11] A ③ B ⑤ C ① D ② E ④

問 13

Check!

次の地形図について、次の問いに答えなさい。

a）地形図の中の A B C D の各地点（・の位置）に降った雨が注ぐ川はどれですか。等高線で水の流れ方をたどり、なるべく直近に流れ込む名前の付いた川（沢・谷も含む）の名前 ①～⑥ で答えなさい。

① 左俣谷　② 右俣谷　③ イヌノクボ　④ ネボリ谷　⑤ 西穂沢　⑥ 白出沢

---

b）涸沢岳の位置に3103.1と3110という2つの数字が近接して記されている理由として次の中から正しいものを選びなさい。

① 3103.1mと3110mという2つのピークが存在することを意味している。

② 3103.1mは三角点の標高、3110mはこの山の最高地点の標高を意味している。

③ 3103.1mは三角点の標高だが、改測以前は3110mであったことを示している。

④ 3103.1mは三角点の標高で、測量以後に正しくは3110mであることが判明、これを暫定値として示してある。

解説

最初のa）は流域を読み取る問題です。流域とは「同じ川に注ぐ範囲」で、ある地点に降った雨がどこの川に流れ込むかに注目しましょう。当然ながら水は重力に従って下へ流れていきますから、等高線の数値の低い場所へ最短距離で向かいます。地下に浸透していく水のことは考えません。最短距離ということは、図上で考えれば等高線から次の低い等高線への最短距離、つまり流れる方向は等高線に対して直角の方を向いていますので、これを線でたどれば流れ方はわかります。流域を把握するためには、尾根線を引いてみるのもいい方法でしょう。正解はAが左端の左俣谷、Bがイヌノクボ、Cが白出沢《しらだしさわ》、Dがネボリ谷となります。

b）は山頂に2通りの数字が記されている理由ですが、この2つはふつう三角点と標高点の組み合わせになっています。地形図に記された三角点の標高と山頂の高さが必ずしも一致しないことから、山の標高の表記が書籍・資料によってしばしば食い違う問題が以前から指摘されてき

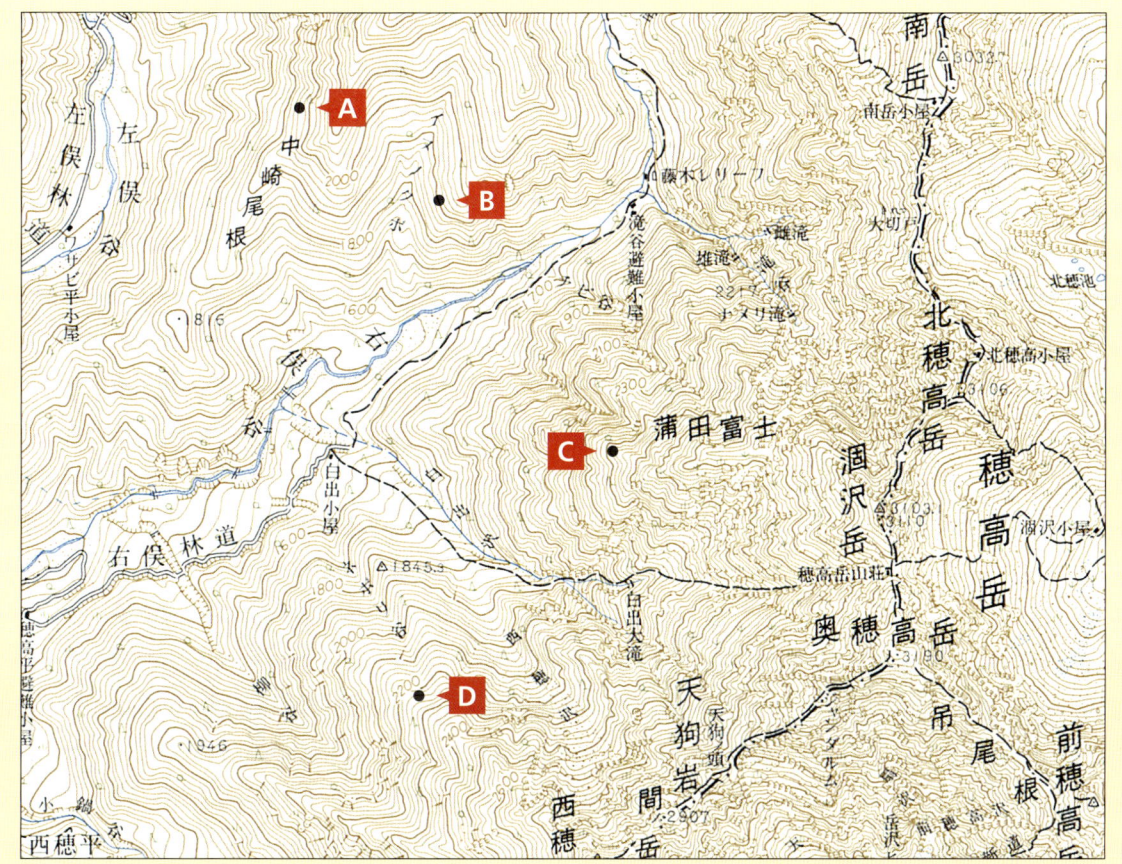

1:50,000「上高地」平成5年修正 ×1.20

ました。また著名な山にもかかわらず山頂標高が掲載されていない山もあり、それらの混乱や不便を是正するために国土地理院が平成3年(1991)に1003山を改めて調査し、「日本の山岳標高一覧(1003山)」という形で発表しました(日本地図センター理事長の野々村邦夫さんが国土地理院測図部長時代に作成)。この数値は火山活動などの地殻変動などによって変化することから、その後も随時更新されてきました。平成28年(2016)には『日本の山岳標高1003山』(日本地図センター)が、各山頂付近の全地形図入りで新たに刊行されています。

そもそも三角点は地図を作成する際に地球の座標上の位置を求めるための基準点ですから、隣接する他の三角点との見通しが利く場所が選ばれます。もちろん山頂が多いのは確かですが、足場に問題がある時、また山頂に神社が祀られているような場合には設置できません。ゆえにこれらの標高点は、ピークが三角点より高い場合に写真測量で得た最高地点の数値を掲載しているものなので、正解は②となります。

正解 [問12] a) ② b) A

集落

問14

Check! □

次の地形図について、次の問いに答えなさい。

1:25,000「焼津」平成6年修正 ×1.18

上の地形図に表わされた A の集落はどのような由来をもっているでしょうか。下の中から最も適切なものを選びなさい。

① 古くから街道に沿って発達した集落。

② 戦前は山林だったが、高度成長期に分譲住宅として開発された土地。

③ 稲作を中心とする農家が集まった古くからの集落。

④ 工業団地の近くでロードサイド店などが点在する地方都市の郊外。

解説

集落の形態を読みとる問題です。平成14年図式まで、地形図上で表わされる集落・都市はいくつかのパターンに明確に分けられていたので、それぞれの性格がすぐにわかりました。掲載した図は平成14年の前の昭和61年図式ですが、集落の描き方は平成14年図式と基本的に変わっていません。以下に集落・都市の描き方のパターンをご紹介しましょう。

ア）密集市街地　これは建蔽《けんぺい》率の高いエリアで、古くから市街地として発展してきたところ。商店街なども多く含まれます。主にハッチ（黒い斜線を密集させる。図の左下端「本町三丁目」など）が用いられていて、中高層建築街（主に3階建て以上）のビルが並んでいる場合はダブルハッチ（格子模様）になります。細かい街路は適宜省略されているので、1:25,000地形図を見ながら「何本目の路地を右へ」といった道案内はできません。これら密集地内の郵便局や官公署、境内の狭い神社などは、ハッチの中に黒い四角（黒抹家屋＝後述）を置き、その傍らに記号を配置します。

イ）郊外住宅地等　密集市街地ほど建蔽率は高くありません。そのため黒い四角を並べて表現しています。この四角は地図業界で黒抹家屋と呼ばれていますが、必ずしも1軒1軒と対応しているものではなく、郊外住宅地（図の左の「藤岡一～三丁目」など）なら、街区の中にたとえば10軒あるとしても3つの黒抹家屋で表現されることもあります。それでも黒抹は適当に並べるわけではなく、「こんな具合に並んでいます」ということがわかる配置が心がけられていて、たとえば街区が不定形で家の向きも微妙に異なる場合はそのように、また建て売りの分譲住宅などのように整然とした並び方なら、実際には9軒の家が3×3で並んでいるものを、2×2で整然と並べて表現する方法も用いられています。この黒抹は、野中の一軒家のような場合にはもちろん1軒が1つで表示されているのは言うまでもありません。

ウ）農村集落・屋敷町　こちらは平成14年図式まで用いられてきた「樹木に囲まれた居住地」という、グレー（墨の網点）の上に黒抹家屋が点在する表現で、これによって鬱蒼たる屋敷森や庭木の目立つ屋敷町などを表現します（図の右下など）。地方では古くからの農村集落に適用されてきたので、地域の歴史的な発展形態も想像できる優れた表現でした。富山県の砺波《となみ》平野などに見られる散居村《さんきょそん》などは、1～3個の黒抹をグレーの網で取り囲んで描かれていますが、現地の風景が目に浮かぶものです。

エ）街道沿いに細長く連なる家屋　これは黒抹家屋の特殊な用例で、主要な道路（特に旧街道）に沿って古くから密集した家屋ですが、奥行きは薄く、すぐ裏手が田畑などの場合に用いられます。表現としては黒抹家屋が長く引き延ばされたような、街道沿いの集落の伝統的なスタイルとして一目でその特徴がわかります。「長屋」ではありません。以上ア）～エ）を比べてみれば、この問題の解答はエ）に該当する①で、具体的には旧東海道藤枝宿の北側です。

正解　[問13]　a）A ①　B ③　C ⑥　D ④　b）②

問 15

Check! □

次の4つの鉄道路線のうち、各図の2つの矢印の間の平均勾配が最も急なものはどれですか。矢印の近くの等高線（築堤・切土などの高度差は考慮しない）の数値を参照しながら答えなさい。

＊参考：矢印間の図上距離は ❶ 64ミリ ❷ 112ミリ ❸ 72ミリ ❹ 64ミリ

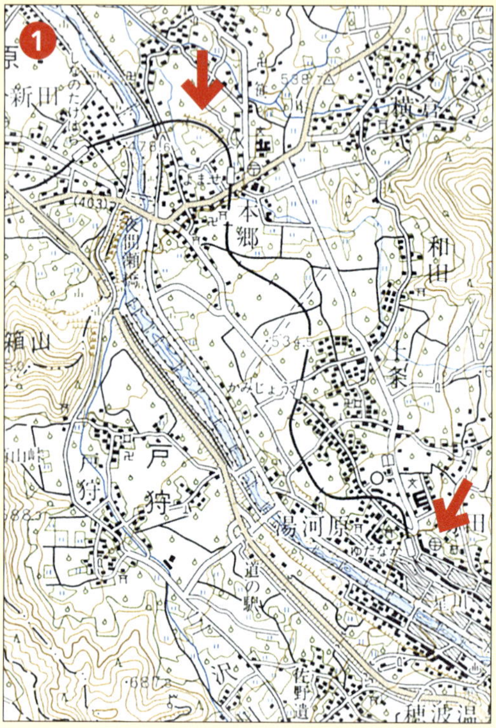

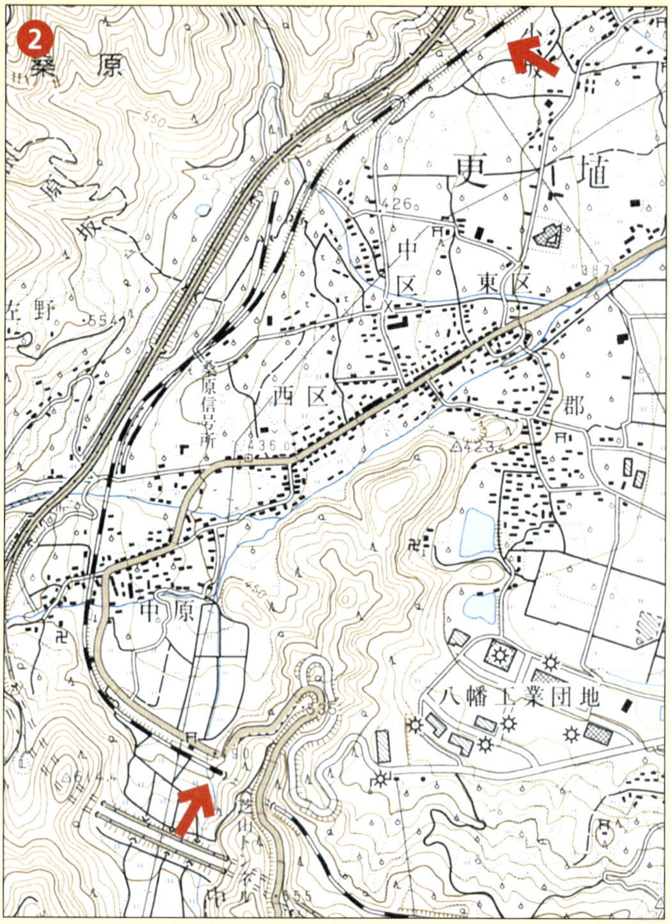

左 1:50,000「中野」平成18年修正 ×1.20
右 1:25,000「稲荷山」平成10年要部修正 ×1.15
下 1:50,000「遠野」平成5年修正 ×1.17

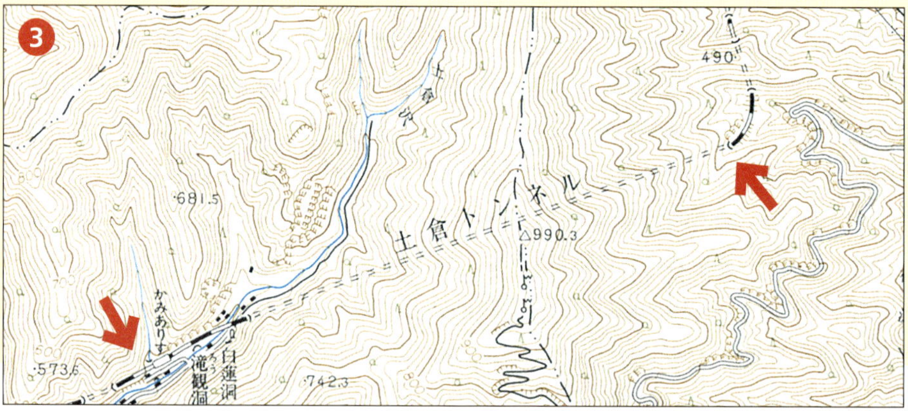

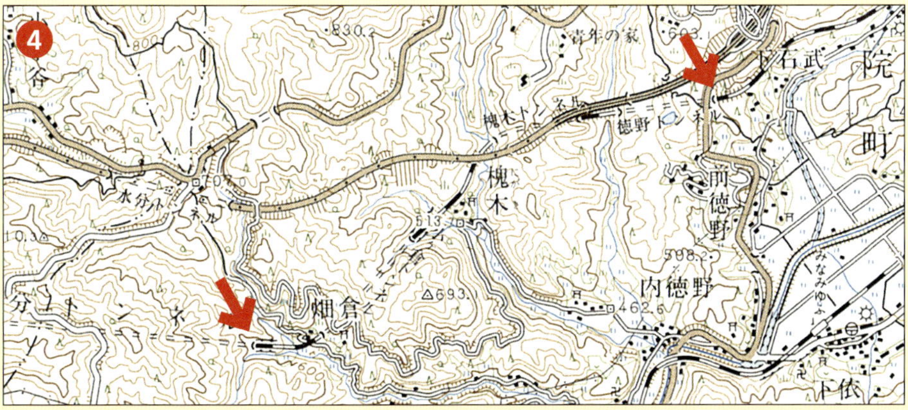

1:50,000「別府」平成8年要部修正　×1.17

解説

かなり面倒くさい問題ですが、地形図があれば鉄道や道路の勾配も計測できることを知っていただきたくて出題しました。現在は鉄道の勾配はパーミル(‰)、道路の勾配はパーセント(%)で表示するのがふつうです。パーミルは千分比ですから1000メートル進んで何メートルの標高差を生じるかの数値で、25メートル上がれば(下がれば) 25パーミルとなります。道路がパーセント表示なのは、一般に道路の方が急勾配であるためですが、こちらは100メートルで15メートル上がれば15パーセントとなります。

地形図から勾配(平均勾配)を計算するには、2点間の距離と高低差を知る必要があります。等高線で読み取れば、まず ① の北側の矢印が標高480メートルで南側が600メートル。② は北側が420メートルで南側が500メートル、③ は東側が360メートルで西側が400メートル(わかりにくいですが)、④ は東側が500メートルで西側が580メートルという具合です。築堤や切土(堀割)で判断しにくい箇所もありますが、まずは計算してみましょう。距離はすでに提示されていますので、① は64ミリなので1:50,000で3.2キロ、標高差120メートルを1キロあたりの数値に直すため3.2で割れば37.5パーミルと算出できます。同様に ② は80メートルを112ミリ=1:25,000の2.8キロで割れば28.6パーミル、③ は40メートルを72ミリ=1:50,000の3.6キロで割って11.1パーミル、④ は80メートルを64ミリ=3.2キロで割れば25.0パーミルとなります。よって ① が最も急坂ということがわかります。

ただ、等高線の数値はあくまで地面のものなので線路の高さを必ずしも反映しておらず、実際の線路の勾配を別の資料で調べてみると、① が40パーミル、② は25パーミル、③ は20パーミルと2パーミルの混在、④ は25パーミル(これはぴったり一致!)ですが、いずれも一定の近似値にはなっていることがわかると思います。

正解　[問14] ①

高さの基準

問 16

Check! □

1:25,000地形図「札幌」における高さの基準は次のうちどれですか。

① 小樽港の平均海面　② 東京湾の平均海面

③ ジオイド面（世界の「平均海面」）　④ 石狩川河口の工事基準面

解説

日本の地形図の高さの基準は「東京湾の平均海面」と決められています。当然ながら海には干潮と満潮があり、時期によって微妙に変化することもありますので、験潮場であらかじめ一定期間における潮位を精密に測って平均を算出し、これに基づいて決められたものです。東京では隅田川河口に近い霊岸《れいがん》島《じま》で、明治6年（1873）から同12年まで潮位を観測した平均値を求めてこれを0メートルとし、それを元に直接水準測量を行い、陸軍参謀本部内に設けられた水準原点の水晶板の「零分画線」が24.500メートルとなるように調整しました。この原点を保護する建物（日本水準原点標庫）は都の有形文化財（建造物）に指定されています。その後、関東大震災と東日本大震災での標高の変化を反映した補正が行われ、水準原点の標高は24.3900メートルとなりました。

この原点を出発点として主要道路（旧道が多い）に沿って高さを精密に計測し、約2キロごとに置かれた水準点の高さを確定し、それが一帯の地形図の等高線を描く基準になります。これは地続きの陸地だけでなく、海峡を渡った対岸まで精密に「渡海《とかい》水準測量」をしていますので、北海道、四国、九州でも「東京湾の平均海面」が基準となっています。

なお離島ではこの限りでなく、たとえば沖縄本島の地形図は那覇港の平均海面、西表《いりおもて》島は石垣湾（石垣島）の平均海面と、それぞれの代表的な玄関口の港湾が基準となっていますが、尖閣諸島の魚釣島や、その他「絶海の孤島」など験潮が困難な所では「○○島付近の海面」と若干アバウトになっています。従って問題の「札幌」は文句なしに **②** 東京湾の平均海面（③のジオイド面は問17の解説を参照）。

ちなみに **④** の工事基準面とは潮汐のある海面近くで作業する場合にプラスとマイナスが交錯する不便を被らないよう、干潮時の海面（最低低潮面）を0としたもので、地域によって工事基準面があります。たとえば東京湾では荒川工事基準面（A.P.=Arakawa Peil）が決められていて、東京湾の平均海面（T.P.）より1.1344メートル低くなっています。東京付近の河川に関する数値はおおむねA.P.なので、東京湾の平均海面と誤解しないよう注意しなければなりません。

高さの基準

問 17

Check! □

1:25,000地形図「父島」(小笠原)における高さの基準は次のうちどれですか。

① 父島二見港の平均海面　② 東京湾の平均海面　③ ジオイド面

④ 大島元町港の平均海面

解説

東京都心から1000キロ近く離れた小笠原・父島は、あまりにも海上の距離が長いので渡海水準測量ができません。このため父島の二見港に設置された気象庁の検潮所(国土地理院の「験潮場」とは用語が異なる)で独自に潮位を測り、これを地形図の高さの基準としています。従って正解は ① です。最近では二見港の検潮所で電波式検潮儀が用いられるようになりました。検潮所では波の影響を抑えるため、その内部に井戸のように引き込んだ海水の表面の高さを測っていますが(これは明治期から同じ)、電波式検潮儀は上からその海水に電波を当てて反射する時間によって測り、その潮位データは東京の気象庁本庁へ送られています。

参考までに ③ のジオイド面とは、簡単に言えば地球に潮汐や海流がないものと仮定した時の海面、つまり地球の平均海面のようなものです(ジオポテンシャル面)。しかし重力は地球上すべてのエリアで均等というわけではないため、このジオイド面と、地図を作る上で基準としている「回転楕円体」の表面とは微妙にずれています。

この先は面倒くさければ読み飛ばしていただいて結構ですが、地形図の投影法では地球を「回転楕円体」(南北がつぶれた、誇張すればミカン形)と仮定しています。どんな楕円体を採用するかは国によって異なり、日本の場合は長らくドイツの数学者・天文学者フリードリヒ・ヴィルヘルム・ベッセル(1784～1846)が算出した楕円体が用いられていました。しかしGPSの全盛時代に入って諸外国と座標を共有する必要性が高まり、平成14年(2002)に「世界測地系」を採用した際に「GRS80地球楕円体」に変更されました。この時に全国の経度・緯度が移動しています。

④ に「大島元町港の平均海面」とありますが、実は大島の地形図は伊豆半島から目と鼻の先なので東京湾の平均海面が適用されています。伊豆急行の車窓からは、晴れた日なら大島西岸にある元町市街地が遠望できるほど。ちなみに大島以外、利島《としま》以南の島々はいずれもその島または隣接する島の平均海面(または単に「海面」)が用いられています。

高さの基準

問 18

Check! □

海図に表記する水深の基準は、次のうちどれですか。海図が船舶の航行の安全を主眼に作成されていることに留意して選びなさい。

① 各地の最低低潮面（大潮における干潮時の水面）

② 各地の最高高潮面（大潮における満潮時の水面）

③ 東京湾の平均海面（地形図の基準と同じ全国的な基準）

④ 荒川工事基準面（東京の大潮の干潮時の水面にほぼ等しい）

解説

海図は航海のために用いる専用の図で、表現もその目的に特化した記載方法が行われています。記されている重要な情報としては、まず水深、底質（海底の地質）、海岸地形、海底危険物（沈没船などの障害物）、航路標識が挙げられますが、この中でも水深の情報は船舶の安全航行のために重要なものです。

陸の地形図（海図関係者は「陸図」と呼びます）の高さの基準は、日本の本土なら東京湾の平均海面ですが、海図では最も潮汐差が大きな大潮の干潮の際の海面、これを「略《ほぼ》最低低潮面」と呼んでいますが、これを水深0メートルとしています（正解は①）。どんな時にも下回ることがない水深ということですから、これが船舶の航行の基準として掲載されるのは当然でしょう。また平均海面が各地で異なるのに加え、潮汐の幅も各地でかなり差があります。海図が水深をポイントで示しているのも、原理的に等深線で表示できないからだと思われます。ただし水深が約10メートルを下回るエリアを青く着色しているのは、海底が浅いことを示すアラームです。

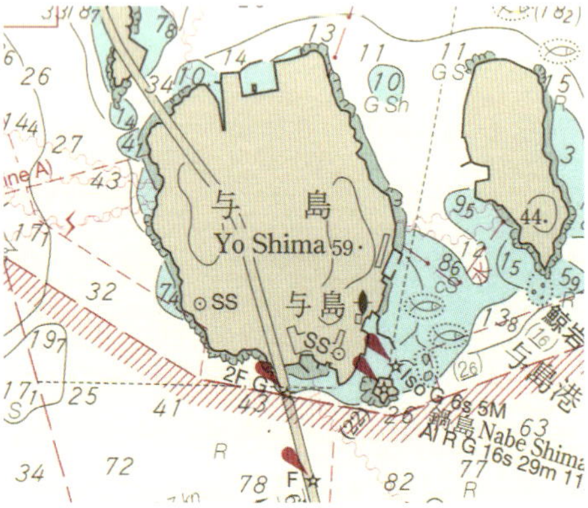

海図の例。 1:45,000「備讃瀬戸西部」平成25年7月補刷

海図の水深は世界共通でメートルの数値が示されていますが、かつてはファゾムが広く用いられていました。ファゾムの原義は「両手をいっぱいに伸ばした長さ」で、英国では6フィート（約1.83メートル）。日本で用いられてきた「尋《ひろ》」も6尺（約1.82メートル）でファゾムと近似値であるため、感覚的に使いやすかったようです。

高さの基準

問 19

Check! □

内陸国であるオーストリアの高さの基準について記した文について、次のうち正しいものはどれですか。

① 地球全体の平均海水面を仮定した「ジオイド面」を0mとしている。

② オーストリア=ハンガリー帝国時代におけるアドリア海に面した港町・トリエステの平均海面を基準としている。

③ ナチス=ドイツ時代に併合されたドイツの地形図の基準に合わせた（アムステルダムの平均海面を借用）。

④ フランス・マルセイユ港の平均海面からとったスイスの高さの基準を借用。

解説

日本の地形図は首都である東京湾の平均海面が高さの基準ですが、内陸国の基準はどうなっているのでしょうか。もちろんどこかの海面を0と決めなければ測量はできませんが、現在のオーストリアは最寄りの海まで90キロほど離れています。正解から言えば、これは ② のトリエステです。今では隣国イタリアの港町ですが、オーストリア=ハンガリー帝国の時代にはアドリア海に面した重要な港町でした（ドイツ語名はトリエストTriest）。

この町は古代ローマ時代に遡る長い歴史を持っていますが、18世紀には神聖ローマ皇帝によってオーストリア領内の「自由港」となり、その後は何度か変遷を経ながらもオーストリアの重要な港町として発展しました。ウィーンから当地を結ぶ「南部鉄道《ズュートバーン》」が1857年に開通してさらに重要度は高まりましたが、第一次世界大戦の敗北を受けて帝国は解体、トリエステは1920年にイタリア領となります。現代のオーストリアの水準原点が定められたのはオーストリア=ハンガリー帝国時代の1875年で、自国領内の重要港であるトリエステが選ばれたのは自然なことでしょう。

ちなみに同じ内陸国のスイスは隣国フランスのマルセイユ港、ハンガリーやスロヴァキアなどは旧東欧圏に多いロシア（旧ソ連）のクロンシュタット軍港の海面です。基準となる平均海面といえども、近代測量が始まって以来の歴史をそれぞれ反映しているのは、実に興味深いことではないでしょうか。ちなみに同じヨーロッパの平均海面でも場所によってかなりの差異があり、ベルギーとドイツでは2.3メートルも違うので、両国境にまたがる地形図では等高線が食い違っています。

正解 ［問16］② ［問17］①

面積

問20

Check! □

排他的経済水域（EEZ）は200海里ですが、日本最東端の南鳥島は単独で半径200海里の海域を獲得できます。もしこの島が何らかの事情で消滅した場合、減少する排他的経済水域はどのくらいの面積ですか。次から選びなさい。

① 四国の面積　② 北海道の面積　③ 日本の国土面積より少し広い

④ アメリカ合衆国の面積の半分弱

解説

排他的経済水域（EEZ=Exclusive Economic Zone）とは国連海洋法条約に基づいて設定されたもので、原則として低潮線（大潮の干潮時における海岸線）から200海里（1海里=1852メートル、370.4キロ）と定められています。海上保安庁のHPによればこの水域内では次の①～④の権利が認められています。①天然資源の開発等に係る主権的権利　②人工島、設備、構築物の設置及び利用に係る管轄権　③海洋の科学的調査に係る管轄権　④海洋環境の保護及び保全に係る管轄権

領海は低潮線から12海里（約22キロ）ですが、領海の外側であれば排他的経済水域内でも航行の自由が認められています。ついでながら領海の外側12海里（低潮線から24海里）は接続水域と呼ばれ、このエリア内では「沿岸国が、領土・領海の通関上、財政上、出入国管理上（密輸や密入国）、衛生上（伝染病等）の法令違反の防止及び違反処罰のために必要な規制をすることが認められた水域」（海上保安庁HP）です。

日本列島と南鳥島。

さて問題の「半径200海里の面積」ですが、1海里=1.852キロ×200で370.4キロですから、これを半径とする円の面積を求めれば簡単です。概数で370×370×円周率（約3.14）は約43万平方キロなので、日本の面積が約38万平方キロということを覚えていれば（この数字は必須です！）正解は ③ しかありません。参考までに残りの選択肢の面積は ① 四国の面積は1.8万平方キロ、② 北海道は8.3万平方キロ（北方領土その他の島を含む）、④ アメリカ合衆国の面積はアラスカもハワイも含めて963万平方キロですから、その半分弱で480万平方キロ。

縮 尺

問 21

Check! □

東京〜大阪間がA4の紙の長辺（297ミリ）に余裕をもって収まる地図を作ることにしました。真北が上になるように配置する場合、次のうちどの縮尺を選ぶのが適切ですか。ちなみに東京〜大阪間の直線距離は約400kmです。

① 100万分の1　② 150万分の1　③ 300万分の1　④ 500万分の1

解 説

東京と大阪の間の直線距離は約400キロ。意外に短いと思う人が多いかもしれませんが、これは鉄道が中部山岳地帯を避けて大幅に遠回りしているからです。東京駅から大阪駅までの直線距離は403.5キロですが、東海道本線の同区間の距離は556.4キロ(営業キロ)とほぼ4割増しに相当します。新幹線でさえ東京〜新大阪間は515.4キロで3割増し。

それはともかく、この400キロをA4サイズの紙に収まるように地図を作るとき、どのくらいの縮尺がふさわしいかがこの問題で、「余裕をもって収まる」とあるのは、東京駅や大阪駅のすぐ脇が紙の端になっては地図として使い勝手が良くないからです。東京より大阪の方が低緯度なので両者を結ぶ直線は少し斜めになることもあり、297ミリの長辺のうち270ミリ程度に東京〜大阪間を収めれば窮屈感がありません。計算すれば400キロを270ミリで割れば縮尺がすぐ出てきます。ミリだとあまりに大きな数字になるので、400キロ×100万＝4億ミリを270ミリで割れば約148万分の1。選択肢の中で最も近いのは ② の150万分の1という結論が出ました。

A4の紙に東京－大阪間の地図を収めた場合の範囲の例。

しかし「縮尺感覚」を身につけていれば計算するまでもありません。100万分の1なら1キロが1ミリ(100キロで10センチ)、2万5千分の1なら1キロが4センチという具合に覚えておけばおよその目安にはなります。参考までに、1:25,000地形図で東京〜大阪間を繋いだら16メートル、家が1軒1軒載った住宅地図だと、縮尺はだいたい1500分の1ですから、267メートルにもなります。歩いても3分。

正解 ［問18］① ［問19］②

縮尺

問22

Check! □

A君は手でVサインを作ると指先が約10センチ開くので、地図で距離を測る目安にしています。ある地図で大阪駅と神戸駅の直線距離（29km）を測ったら、Vサインがほぼ3つ分でした。この地図の縮尺は次のどれですか。

① 1万分の1　② 10万分の1　③ 20万分の1　④ 100万分の1

解説

Vサインに限らず自分の手を定規にすることで、いつでも距離がわかります。特に10センチの部分を把握しておくととても便利です。人によっては「握りコブシ1つ分が10センチ」でもいいでしょう。なぜ10センチかといえば、この長さが5万分の1地形図では5キロに相当し、20万分の1道路地図なら20キロ、学校地図帳の120万分の1では120キロ、3000万分の1の地球儀なら3000キロという具合に「万分の1」の数と同じなので考える必要がありません。選択肢の ① はといえば1万分の1ですから10センチが1キロ。Vサイン3つ分でも3キロにしかなりません。② の10万分の1ならVサイン3つ分で30キロなのでこれが正解です。③ だと60キロ、④ では300キロにもなってしまいます。

ついでながら、この大阪と神戸の間は昔から国鉄・阪急・阪神がサービス競争を繰り広げていました。特に阪急が大正9年（1920）に神戸線を開業した際には直線的な線路と強力な車両にモノを言わせて突っ走り、昭和10年代には大阪～神戸（現・神戸三宮）間をわずか25分、しかもこれを10分間隔で走らせていました。これに対して国鉄（省線）も対抗して急行電車（現在の快速にあたる）を走らせ、本数では負けるものの大阪～三ノ宮間を24分で走破しています。電車運転では最古参の阪神も「待たずに乗れる」を合い言葉に、少し遅いけれど特急を6分間隔で運転して張り切りました。

つい余談が長くなってしまいましたが、壁に貼ってある日本地図も、縮尺が明記されていればVサインの登場です。地図帳では実感が湧かない沖縄など南西諸島の距離感をつかむのに日本全図はうってつけで、たとえば東京から北海道の宗谷岬までは約1100キロ、九州最南端の佐多岬まではほぼ1000キロですが、そこから日本最西端の与那国島までは1050キロと少し長かったり、福岡から東京までが890キロなのに対して、福岡から中国の上海までは880キロと少し短いのを発見したり……。

縮尺

問23

Check! □

このページはB5判（182ミリ×257ミリ）ですが、この全面が2万5千分の1地形図とした場合、ページ全体の範囲の実際の面積は次のどれですか。

① 約7.3㎢　② 約29.2㎢　③ 約116.9㎢　④ 約467.7平方㎞

解説

面積の問題は、電卓などがあればそのまま計算すればいいのですが、まずは杓子定規な計算方法からご紹介しましょう。182ミリ×257ミリですから、これをそのまま掛ければ4万6774平方ミリという答えが出ます。これを2万5千分の1地形図として実際の面積を出すには2万5千の2乗、つまり6億2500万を掛ければ29兆2337億5000万平方ミリという天文学的な数値が出てきますが、これを平方キロに直すには100万（1キロをミリで表わせば100万ミリなので）の2乗＝1兆で割ればいいことになります。結果は約29.2平方キロで ② が正解ということにたどり着きました。

最初の紙の面積を4万6774平方ミリでなく、この段階で467.74平方センチにした方がいいかもしれません。そうなればこれに6億2500万を掛けて……という方がマシでしょうが、位取りで間違えそうですから、もっと簡単な方法を考えましょう。問21で2万5千分の1の地図なら「4センチが1キロ」と申し上げました。そうすれば縦の寸法である182ミリは4.55キロ、横が6.425キロということになります。あとは簡単に掛け算するだけで約29.2平方キロが出てきます。前者の計算をしてしまった人、お疲れ様でした。そもそも、縦×横が両者を丸めてほぼ5キロ×6キロと考えれば30平方キロという近似値が得られるので、選択肢があればこれだけで瞬時にわかってしまいます。①は小さすぎ、③や④はあまりにも大きすぎて排除できます。

多くの人にとって面積はだいぶ「苦手科目」らしく、たとえば新聞でも関東地方のある村の農場の面積を、実際は5万平方メートル（5ヘクタール）なのに、テキサスの農場でもあるまいに5万ヘクタール（500平方キロ!）と書いてしまうなど「ケタのいくつも違う間違い」を訂正する記事が珍しくありません。「高度成長期に約2000平方キロが埋め立てられて」という文章を見て、東京都に匹敵する面積が? とピンと来る感覚を養いたいものです。この場合は文脈からすればおそらく2000ヘクタールなのでしょう。養ったからといって得することはないかもしれませんけれど。

正解　［問20］③　［問21］②

縮尺

問24

Check! □

英国の1:50,000地形図にあたる英国の官製地形図は、かつて1:63,360でした。その背景について説明した次の文のうち正しいものを選びなさい。

① 17世紀末に1:50,000のつもりで地形図を作成したが、当時は測量技術が未熟であったため、後年にその図の範囲を踏襲させた際に、半端な数字になってしまった。それを1980年代に本来の1:50,000に戻した。

② 実際の2,000フィートを図上の1インチで表わすために英国では伝統的に用いられている縮尺であったが、大陸ヨーロッパに単位系を合わせて今日に至っている。

③ 実際の1マイルを図上の1インチで表わすためには、10進法でない単位系のため、どうしても半端な数字になってしまう。後年になって大陸ヨーロッパの基準に合わせたため、現在では1:50,000となっている。

④ 英国教会の教義の要請による複雑な計算を行ったため。

解説

国の基本図としての地形図の縮尺は、日本では主に2万5千分の1が用いられてきました(それ以前は5万分の1)。明治期までは2万分の1で全国整備を進める計画だったのですが、予算や時間的な事情もあって5万分の1に改められた経緯もあります。日本では幕末から軍制をフランスに学んだこともあり、明治初期の日本の地図はフランス式で始まりました。しかし1870〜71年の普仏戦争でプロイセン(ドイツ)が勝ったのを機にそちらに乗り換えたのです。ドイツが正式にメートル法を導入したのはその翌年の1872年ですが、もともとフランス式で始まっていますので(フランスは世界で初めてメートル法を1799年に採用)、縮尺はそちらに合わせて2万分の1などのキリのいい数字に決まったのではないでしょうか。

さて、欧州の地図を学ぶ以前の日本はどうだったでしょうか。日本全国を「足と星」で測り回った有名な伊能忠敬の「大日本沿海輿地《よち》全図」、いわゆる伊能図の縮尺は「大図」が3万6千分の1、「中図」が21万6千分の1、「小図」が43万2千分の1と「半端」な縮尺が採用されました。縮尺の数値から見れば「半端」かもしれませんが、実は「大図」が1里を3寸6分で表わし、「中図」が1里を6分、「小図」が1里を3分で表わす縮尺といえば江戸時代人にはわかりやすかったのかもしれません。われわれがかえって混乱してしまうのは、メートル法に馴染んだ現代人だからでしょう。分(ぶ)とは10分の1寸つまり約3ミリなので、3分は約9ミリ、6分は約18ミリです。3寸6分は約11センチで、これが1里(約3.9キロ)と考えれば距離の把握が容易です。

江戸時代には10分=1寸、10寸=1尺、6尺=1間、60間=1町(丁)、36町=1里という十進法でない単位系があり、地図の縮尺に求められる尺度といえば、1里がどのくらいの寸法で表わされているかが重要であるため、ここで「キリのいい縮尺の数字」など意味がありません。要するに1里=36町=2160間=1万2960尺=12万9600寸=129万6000分なので、「大図」はこれを3寸6分(36分)で割れば3万6千、「中図」は6分で割って21万6千ということになります。

振り返ってイギリスの地形図の縮尺です。ここまでお話しすれば正解が ③ であることが理解できるかと思いますが、あちらも1970年代頃までヤード・ポンド法でした(今でも道路標識などマイル表示が残存)。欧州の大陸では1907年のデンマークを最後にすべてメートル法を導入したにもかかわらず、英国は「名誉ある孤立」を選んでいました。つい先日のEU離脱の国民投票を思い出しますが、イギリスの長さの単位は次のようになっていました。

1フィート=12インチ、1ヤード=3フィート、1マイル=1760ヤード

これを全部掛けてみれば12×3×1760=6万3360となります。要するに1マイルを図上1インチで表わす縮尺なのです。これは通称「1インチ地図 The One-inch Map」と呼ばれ、イギリスの陸地測量部オードナンスサーヴェイOrdnance Surveyでは1801年からこの1インチ地図の刊行を始めていますが、メートル法の導入を受けて1974年刊行の地形図から5万分の1に切り替えられました。1インチ地図の時代には他にも大縮尺として「6インチ地図」の1万560分の1、小さな縮尺としては「半インチ地図」の12万6720分の1などが刊行されています。

いずれも縮尺の数字は複雑で半端なものになっていますが、読む方にとってみれば距離感がつかみやすい地図として長年にわたって親しまれました。さらに1インチ地図では1マイル四方のグリッド(碁盤目)が印刷されていて便利です。

そもそも、歴史的な単位系がこれだけ半端なものが用いられている理由としては、マイルが歩数(1000歩を意味する。左右で1歩と勘定すれば歩幅は約80センチ)から来ていて、フィートが足のサイズ(たぶん靴を履いた)など起源の異なる単位どうしを無理に結びつけた結果でしょう。末筆ながら ② の「2000フィートを1インチで表わす縮尺」というのは、現在のアメリカ合衆国で用いられている2万4千分の1地形図です。

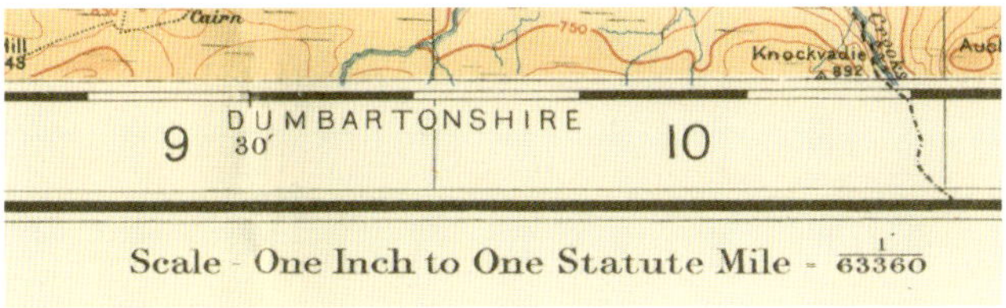

1:63,360の英国の官製地形図の縮尺表示。1マイル1インチ地形図「トロサックス及びロモンド湖」英国陸地測量部（オードナンス・サーヴェイ）発行　1924-5年修正
Tourist Map of the Trossachs and Loch Lomond, Scale: 1 inch to 1 Mile.,Ordnance Survey, 3rd Revision 1924-5

正解　[問22] ②　[問23] ②

縮尺

問25

Check!

旅行へ出かける前に、A君は国土地理院発行の地形図・地勢図を読んで予習しました。次の描写の下線部に注意しながら、その図の縮尺を選びなさい。

a) 市役所を出て歩道のある道を少し歩くと、右手に何かを記念した像が見える。神社の鳥居を過ぎて並木道を通り過ぎると左手には銀行。その先で複線の鉄道の踏切を渡るのだが、これはJRだろうか、それとも民鉄だろうか。この縮尺では不明だ。その向こうにある緑の網で覆われたエリアは雑木林だ。

① 1:10,000　② 1:25,000　③ 1:50,000　④ 1:200,000

---

b) 駅を降りて河岸段丘らしい地形を川に向かって下っていくと、両側は果樹園である。その先は針葉樹林を意味する緑色の記号が集まっているので、杉林だろうか。140メートルの等高線を過ぎて坂道をしばらく登ると、次の160メートルの等高線を過ぎた。なかなか見晴らしがよい場所だ。

① 1:10,000　② 1:25,000　③ 1:50,000　④ 1:200,000

---

c) 赤い色で示された市街地の東側には沼が広がっている。水深は4メートル。片側の太い道路をさらに東へ進めばこげ茶色の ■ 形の家屋（黒抹家屋）が点在しており、郊外型の土地利用が見られる。突然地下から鉄道が出てくるが、この縮尺では地下区間が示されないので仕方がない。西を振り返ると山並みがきれいだが、この図には緑色の影が付けられているので広域の地形の把握がしやすい。

① 1:10,000　② 1:25,000　③ 1:50,000　④ 1:200,000

d）細かい間隔で黒い斜線（ハッチ）が引かれて示された密集市街地を抜けると、雑木林と思われる黒で印刷された広葉樹の記号がある。その先には温室らしきものがいくつも並んでいる。他の独立建物と区別できるのは、その輪郭が破線で囲まれているから。

① 1:10,000　② 1:25,000　③ 1:50,000　④ 1:200,000

解説

縮尺と図式の関係を問うものですが、4つの縮尺の図に親しんでいないと難しいでしょう。大変そうなので下線部に注目していただくことになりました。まずa)ですが、「歩道のある道」というのは大きなヒントです。これが図上で判読できるということは、かなりの大縮尺でないといけません。このポイントだけで ① の1万分の1という答えが出ます。2万5千分の1より小さな縮尺では、道路はかなり広い通りでないと「記号道路」という扱いになります。

道路は実際の縮尺通りに表現してしまうと、かなり「か細い筋」にしか写らないことが多いのですが、利用者の目で見れば重要度は高いので、図上では誇張して場合によっては何倍にも拡幅しています。これが記号道路ですが、まれに縮尺通りに描いても楽に描ける大通りもあるため、それは縮尺通りに表示します。これを真幅《しんぷく》道路と呼んでいます。縮尺が大きくなればなるほど真幅道路の割合が増えるのは当然ですが、「歩道」を描くとなれば必然的に真幅道路であり、これを記載するのは1万分の1しかありません。

次の下線部の「像」「鳥居」もヒントで、これは現在流通している地形図では1万分の1だけが採用している記号です。かつては2万5千分の1や5万分の1でも神社の記号とは別に「立像」「鳥居」の記号が採用されていましたが、昭和40年図式で廃止されました。「銀行」の記号も同様です。また次の下線で記された「JRか民鉄か不明」というのも1万分の1地形図しかありません。1万分の1地形図の元図が、鉄道の経営主体で区別しない2500分の1（国土基本図など）であることも影響しているのでしょう。

「緑の網で覆われた雑木林」というのも、1万分の1だけの表現です。ちなみに戦後に4色刷りの5万分の1地形図が刊行される際に、森林を緑色に表現（緑特色の網）する案も検討されましたが、森林被覆率が国土の3分の2に及ぶ日本にあっては全面緑色の図が続出すること、計画路線の描き込みに邪魔なことなどから見送られた経緯がありますが、1万分の1（昭和58年図式）で採用されました。残念ながらこの1万分の1地形図はすでに更新されなくなって久しく、今は市場在庫のみとなっていますので、買うなら今のうちです。

次のb)は下線部に「針葉樹林を意味する緑色の記号」とあるのがミソで、そのような記号は ③ の5万分の1地形図しかありません。見た目が非常に似ている2万5千分の1（平成14年図式まで）との相違点がこの刷り色の数で、5万分の1は1色多い4色刷となっています。緑色を森林の表面に使うのを断念したことを前述しましたが、植生の記号が田んぼ記号（青）を除いて緑色であるのが特徴です。植生界も同様に緑色なので地味ですが、全体に優しい色合いとなりました。4行目の140メートルの等高線の次が160メートルというのも大きなヒントで、5万分の1地形図の等高線間隔が20メートルであることがわかれば答えは簡単です。

c)は冒頭の「赤い色で示された市街地」が特徴ですが、これに該当するのは平成25年図式の2万5千分の1地形図、それに20万分の1地勢図の2種類に絞られますが、次の行に「こげ茶色の ■ 形の家屋」とあるので ④ の20万分の1地勢図と特定できます（平成25年図式の2万5千分の1は家屋はすべて赤系統）。さらに、その下の鉄道の表記で「地下区間が示されない」ということで、これは20万分の1のみです。たとえば「東京」の図を見れば、荒川河口付近の西側から突然トンネルを出て東へ向かう線路が描かれていますが、これは東京メトロ東西線。都営地下鉄三田線の高島平あたりにも、短い地上区間だけが描かれています。

最後の「緑色の影が付けられているので広域の地形の把握がしやすい」というのは、まさに20万分の1地勢図の特徴であり、広域を見渡して全体を把握するための地図がこの図の使命です。ドイツではこの縮尺の図をÜbersichtskarteと言いますが、Übersichtとは「全体像」または「概観」を意味していますので、まさにその役割を表現したシリーズ名ではないでしょうか。

最後のd)は「黒い斜線（ハッチ）が引かれて示された密集市街地」とありますが、これは平成14年図式までの2万5千分の1地形図、それに5万分の1地形図が該当します。さらに読み進めれば「黒く印刷された広葉樹の記号」とあって、植生記号を緑で印刷している5万分の1地形図を排除できるので、ここで ② の2万5千分の1地形図が確定しました。「温室らしきもの」が他の独立建物と区別できるのは「輪郭が破線で囲まれている」とありますが、ハッチ表現は密集市街地と同じ（同じ線で同じ間隔）ながら、破線で囲むことによって「無壁舎」を区別しています。無壁舎は問5の解説にも書きましたが、守備範囲が広く、温室の他にもガスタンク、トラックターミナルの上屋部分、野球場などスタジアムの屋根のある部分、プラットホームの屋根のある部分（一部に適用）、ゴルフ練習場のスタンド、道路の落石覆い、シェルターなど多種多様です。

ちなみに平成25年図式の2万5千分の1地形図では密集市街地という表現はなく、すべて独立建物を元図の2500分の1を単純に縮小した形でびっしり描いています。ただし2500分の1に基づいていない部分については薄いオレンジ色で密集市街地を（総描家屋として）表現した部分も混在していて、過渡的な状況とは思われますが、まだ全体に統一されてはいません。

正解 ［問24］ ③

経緯度

問26

Check! □

千葉県船橋市には東経140度、兵庫県明石市には東経135度のそれぞれ経線が通っています。両者の太陽の南中時刻の差はおよそ何分ですか。

解説

地形図は経緯度によって区切られていて、明治以来長らく隣接図との重複はありませんでした。このためカッターで丁寧に切り取って隣の図と合わせれば、よくぞこれだけ正確に描いたと感心するほどぴったり繋がります。2万5千分の1地形図では東西7分30秒、南北5分という長さになっていて、5万分の1はその倍で東西15分、南北が10分、20万分の1は東西が1度、南北が40分となっています。平成14年図式からは「世界測地系」の採用(問17解説を参照)に伴って経線・緯線のどちらも移動したため、隣接図との間に隙間ができては困るので、重複部分を設けました。

さて、千葉県船橋市を通る東経140度線と兵庫県明石市を通る東経135度線。この間は5度の経度差がありますが、太陽が南中する時間差がどれだけあるかの問題です。地球はほぼ24時間の周期で自転していて、要するにこの速さで地球一周の360度を回るので、1時間あたりに直せば15度ということになります。船橋と明石の経度差は5度なので正解は20分。

日本は面積に比べて領域がとても広く、最東端にある南鳥島(東京都)がほぼ東経154度、最西端の与那国島(沖縄県)は東経123度近くで、経度差は31度にも及びますから、「実際の時差」は約2時間あるにもかかわらず、日本標準時は明石を通る東経135度線を中心とした1つの時間帯しかありません。最東端と最西端は別としても、単純に考えれば東経130度に近い福岡から見れば140度に近い東京の日没は40分早く、145度に近い釧路は1時間も早いことになります。そういえば以前ある取材で東京から福岡へ行ったとき、当地がやけに遅くまで明るいと感じたことがありました。

戦前の昭和12年(1937)までは「日本西部標準時」が設けられていたのをご存知でしょうか。当時は領土だった台湾を中心として宮古・八重山までが西部に含まれていました。沖縄本島と石垣島には1時間の時差があったのです。

20万分の1地勢図の東西の幅は前述のように1度ですが、計算すれば端から端までは4分の時差があることになり、さらに2万5千分の1では東西幅が20万分の1の8分の1の経度差(7分30秒)なので、時間にすると30秒の時差。地球は狭いのか、それとも広いのか……。

経緯度

問 27

Check! □

1:100,000の海図について、次の問題に答えなさい。

a）東経140度線に沿って北上する船に乗りました。船上でこの図を見ていたら、2時間かけて約74センチ進みました。この船が一定速度で進んだと仮定した場合の速度を次から選びなさい。

① 50ノット　② 30ノット　③ 20ノット　④ 10ノット

---

b）この海図では緯度1度は約111cmで表わされます。この船が緯度1度（60分）だけ北上するのには何時間かかりますか。

① 1時間　② 2時間　③ 3時間　④ 4時間

解説

経緯度とノット、海里の関係がわかれば解ける問題です。経緯度とは経度と緯度を総称する呼び方ですが、そもそも経の字は「縦糸」、緯は「横糸」を意味しており、縦糸と横糸がいろいろと絡み合って結末が導かれたとき、それまでのプロセスを「経緯」と呼ぶのはまさに絶妙なネーミングです。

さて、地球上に仮想で張られた縦糸は経線、横糸は緯線と呼ばれていますが、厳密に言えば経線は南極点と北極点を結んだ地球の大円（球の中心を通る面）上にあり、緯線は地軸と直交する大円＝赤道に平行な線ということになります。地図上にはこのうちキリのいい経緯線、たとえば東経130度、135度、北緯35度、40度などが表示されます（もちろん縮尺によって経緯線の間隔は異なります）。

ある地点の緯度は、地球の中心からその地点への線と赤道面（地球を赤道で輪切りにした面）とが成す角度*です（右ページ参照）。これは赤道を0度として北へ向けて北極まで、その角度を示したのが北緯、北極点は北緯90度となります。南も同様に南極点を南緯90度とする刻みです。

絶対的な赤道という基準のある緯度に対して、経度はどこかに「原点」を決めなければなりませんが、現在ではロンドン東郊のグリニッジ天文台跡地のある地点を通る経線が0度（本初子午線）と決められていて、そこから東へ行けば東経、西へ行けば西経となります。かつてはパリを通る0度や、欧州最西端とされたカナリア諸島を0度とするなど、異なる経度が混在した時代・地図もありました。ちなみに「子午線」とは、12方位に十二支をあてはめた方角にちなむもので、子《ね》が真北、午《うし》が真南を表わすことに由来しています。

これら経度と緯度の組み合わせで地球上の地点を示すものですが（たとえば平凡社は北緯35度41分40秒、東経139度45分20秒）古来これに最も敏感な「業界」が海運の世界で、彼らにとって経緯度を知ることは非常に重要でした。このうち緯度は北極星の仰角《ぎょうかく》に等しいので、古くからかなり正確に測られてきました。しかし経度を測るには離れた2地点で同時に正確に時間を計測する必要があるため、長らく正確な経度の測量は難しく、日本では大正7年（1918）に経度の更正が行われたこともありました（同年9月19日文部省告示号外）。戦後まで旧図式（多面体図法）の多くの地形図では10秒4だけ経度の数値を足していたことが知られています。

さて、経度・緯度はともに1度が60分に分割され、1分はさらに60秒に分割されています（秒の小数点以下は10進法）。メートル法では当初の計算結果から地球1周を4万キロとしているので、これを簡単にあてはめて緯度1度を計算すると111.111……キロという結果が出ます。さらに1分あたりの緯度はそれを60で割った1.851851……という循環小数。これを丸めた1852メートル、つまり緯度1分の長さが海里です。

1時間に1海里（1852メートル）進む速さが1ノットなので、a）の問題では10万分の1の海図上で2時間かけて船が74センチ進んだということですから、10万分の1で緯度1度の長さは約111キロ=111センチ（問題b）にも明記してあります）なので1海里=1.852センチで計算すれば74センチは74÷1.852で約40分（時間ではなく緯度）にあたります。これを2時間で移動したのですから、1時間あたり20海里、つまり ③ の20ノットが正解です。

b）の問題は、この船が緯度1度（60分）北上するのに何時間かかるかというものですが、a）ができれば簡単です。つまり20ノットの船ですから、1度つまり60分=60海里進むのにかかる時間は60÷20で3時間という答えが得られます。

海里は英語ではマイルですが、陸のマイルと区別するためにノーティカル・マイルnautical mileとも呼ばれます。ただし伝統的に船舶の文化を受け継いできた航空業界でもやはりこの海里が用いられているため、航空の世界でマイルといえばノーティカル・マイルを指します。昨今航空会社のサービスで用いられるマイレージのマイルもそれなので1マイルは1852メートル、陸の1マイルの1609.344メートルとは異なります。

*これは地球が完全な球と仮定した場合。実際は楕円体（赤道半径が極半径より約300分の1だけ長い）なので厳密に言えばこの表現は間違いですが、複雑になり過ぎるので大雑把に説明しました。

正解 [問25] a）① b）③ c）④ d）② [問26] 20分

Column

地図読みがもっと楽しくなる5つの話

ストリートビューでは味わえない 紙の地図の魅力

昭和56（1981）年度、日本の地形図類は売り上げ枚数のピークを記録しました。国土地理院によれば実に909万8213枚。高度経済成長が一段落した第2次石油危機の時期にもかかわらずこの数字となったのは、公共投資の伸びが地形図の伸びにリンクし、団塊の世代は30代前半で、山登りやハイキングに確実に持参したのでしょう。それが平成27（2015）年度は64万9294枚にまで落ち込みました。ピーク時のわずか7パーセントに過ぎません。このあたりの話は、田代博さんの著作『地図がわかれば社会がわかる』（新日本出版社）に詳しく紹介されています。

紙地図が売れなくなった理由は公共工事の減少もあるでしょうが、それ以前に急速な紙離れがあります。今は誰もがスマホに無料の地図を表示させ、おまけに現在地も簡単にわかりますから、有料の紙の地図、しかも一見とっつきにくい地形図を買うのは、地図マニアでなければ本格志向の登山者ぐらいのものでしょうか。

しかし、紙の地形図も捨てたものではありません。とにかく現地の風景を彷彿《ほうふつ》とさせる伝統的な表現力が魅力です。新しい平成25年図式でそれが薄まってしまったのは残念ですが、平成14年図式（3色刷）がまだ残っていますので、今のうちに買っておきましょう。なお新しい図式はネットの「地理院地図」で見られますので、スマホを持っている人はそちらへどうぞ。

紙地形図の使い方は人それぞれですが、私の場合は鉛筆で現地の状況や時刻、食べた物や現地の人に聞いた話の内容、バス停名などを、欄外も利用して雑多に書き込んでしまいます。かつて鉄道路線の絵地図を描くために訪れた時の1:25,000地形図を眺めていると、車窓風景が脳裡に蘇ってくるのは、風景が見える地形図＋当日のメモのおかげです。デジタルも相当な進歩を遂げている今、「電波や電源がなくても消えない」のが紙地図の最大の強み、でしょうか。

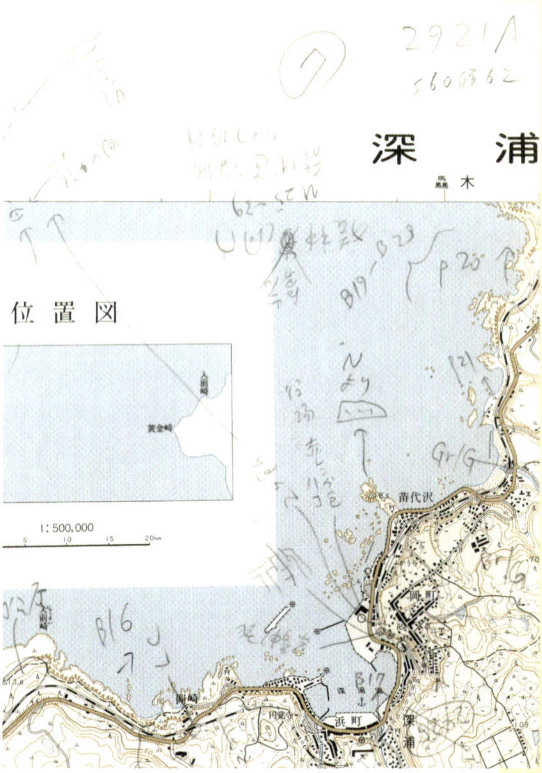

イラストマップ作製のための取材の際、車窓を見ながら必要事項を書き込んだ地形図。1:25,000「深浦」昭和60年修正　×0.53

第3章

地形を読み解く

地形が読めると
グンと風景が
見えてくる

多様な顔の海岸線を表現する　1:25,000「鎌倉」平成28年調製

問 28

Check! □

次の地形図について、次の問いに答えなさい。

1:25,000「千頭」平成17年更新　×1.0

a）上図に見える大井川（東側）およびその支流の寸又《すまた》川に見られる典型的な地形は何と呼ばれますか。

① 自由蛇行　② 穿入《せんにゆう》蛇行《だこう》　③ 河《か》岸《がん》段丘《だんきゆう》　④ 三角洲

---

b）この地形によって形成された A や B の地形は何と呼ばれますか。ちなみに C はまだそれが完全に形成されるに至っていません。

① 環流丘陵《かんりゆうきゆうりよう》　② 溶岩台地　③ ビュート　④ メサ

c）大井川鐵道井川線が川の流れに忠実に屈曲している理由を次の中から選びなさい。

① ダム建設資材を運搬するための専用線として建設されたのでスピードを求められることが少なく、高価な鉄橋やトンネルなどを建設して短絡する必要がなかったため。

② もともと大井川上流へ観光客を誘致するために敷設された鉄道なので、トンネルは少ない方が望ましいため。

③ もとは地元資本の軽便鉄道として戦前に敷設されたため資金が乏しかったため。

④ 大井川上流部は「暴れ川」として名高く、橋梁を架けてもすぐ流されるため。

---

d）a）で問われた典型的地形の作用で形成された平地には集落が発達しているが、図の範囲内では耕地も目立つ。最も多いものは次のどれですか。

① 田　② 畑　③ 茶畑　④ 桑畑

解説

山の中を流れている川の形（平面形）に注目してみると、比較的まっすぐ流れるものと、くねくねと蛇行したものなど、その形状にはいろいろと相違があります。たとえば北アルプスを源流に日本海へと流れる黒部川は急流で知られていますが、源流からあまり屈曲することなく海まで流れ下っています。これに対して一見似たような高山帯である南アルプスを源流としながらも、ここで取り上げた大井川は、特に上流部で激しい蛇行を繰り返しています。しかし同じ太平洋へ下る川でも、流域が隣接する天竜川などの蛇行はそれほど顕著ではありません。

このように山の中で大きく蛇行を繰り返しているものを穿入蛇行（穿入曲流）と呼びます。日本では他に高知県を流れる四万十《しまんと》川、徳島県の那賀川《なかがわ》、和歌山県の日高川などが知られていますが、外国でもドイツのモーゼル川やベルギーのミューズ川の支流スモワSemois川など多くの例があります。

穿入蛇行は山の中をまっすぐ流れていた川が、何万年にもわたって山を削りに削って現在のような姿になったわけではありません。これらの川はいずれもかつては平地を流れている時から蛇行していました。平地を流れる川はある一定の勾配より緩くなると蛇行を始めます。これは板と水で実験すればすぐわかりますが、ほんの僅か傾けた板に水をちょろちょろ流してみると、どんなに平滑な板でも流れは必ず蛇行します。これに対して急角度に立てかけた板に水を流せば、「立て板に水」ではありませんが、ほぼまっすぐ流れていきます。

簡単な実験ではわかりませんが、曲がって流れる川は時間の経過とともに「蛇行の度合」を高めていく特性があります。これはカーブの外側を流れる水は遠心力のため流れが速くなり、その水流が当たる岸が徐々に侵食されていくのに対して、カーブの内側は流速が遅いので土砂が少しずつ堆積するという違いがあるためです。

長年ずっとこの作用が継続されると蛇行の度合は高まり、少し曲がっていた川は時間の経過とともに文字通りヘビがのたくるように「成長」していきます。しかし極限まで蛇行した状態で大雨があると、一気にカーブを解消して河道が近道することがあり、そうなると河道は変更され、それまで蛇行を極めていたカーブの区間は河道から切り離され、取り残されて河跡湖《かせきこ》、その形状から三日月湖と呼ばれる湖沼となります（英語ではoxbow lake＝牛の軛《くびき》の湖）。

このように河川の蛇行が成長しては解消されるという作用が繰り返し、土砂が堆積した結果が沖積地ですが、もし蛇行河川を含む一帯が地殻の変動で標高が高くなった場合、また氷河期になって海水面が下降し（北極・南極付近の氷が増えるため）、相対的に標高が高くなった場合には、これまでより大きな位置エネルギーを獲得するため流速が上がります。すると、これまでのように川は土砂を堆積することをやめ、河床は下向きに侵食されていきます。これを下刻《かこく》と呼びますが、この下刻が長い間続くと、これまで平地だった部分は峡谷化していくのです。

穿入蛇行している河川は平地時代の蛇行の線形を基本的に保持して流れてはいるものの、やはりカーブの外側を流れる水は常に斜め下方向に侵食しようとする力を働かせていますので、カーブの外側に面した山肌は少しずつ削られて急峻になり、カーブの内側は削られないので比較的緩傾斜となります。このうちカーブの外側で水流の攻撃にさらされている斜面のことを「攻撃斜面」、逆に内側の斜面のことを「滑走斜面」と呼びます。

大井川鐵道井川線、沢間～土本間の車窓風景。蛇行する大井川が見える。 提供＝大井川鐵道

a）の選択肢のうち ① の自由蛇行というのは、平地を自由に蛇行している状態であり、② が正解です。山の中を流れているため、あらかじめ河道が決まっており、洪水があれば容易に河道が変化し得る平地とは違って、自由な蛇行はできません。③ もやはり海面の変動や地殻変動などに伴って形成される地形ではありますが、河岸段丘《かがんだんきゅう》は川の両岸でテラス状の地形を成しているもので、図の範囲内に

それが認められる部分はありません。④ の三角洲は流速が遅く、土砂の運搬量が多く、かつ海底が比較的浅く、沿岸流がそれほど強くない河口部といった条件下で、河川がいくつかに分流して形成される洲を指します。

b)はこの穿入蛇行によって形成された地形ですが、AとBは独立丘のような形をしています。その周囲には等高線の疎《まば》らな細長い平坦地が取り囲んでいますが、明らかに旧河道です。かつてはこの独立丘を河道が繞《めぐ》っていたのですが、穿入蛇行する川のカーブの外側(攻撃斜面)の侵食が少しずつ進んだ結果、当初は半島のような形をしていた山がCの部分のように徐々にやせ細り、ついには決壊して河道が短絡してしまい、旧河道に囲まれた独立丘が誕生するのです。これを環《かん》流丘陵《りゅうきゅうりょう》と呼びます(「還流」ではありません)。したがって正解は ① で、旧河道が周囲を繞っていることから繞谷《じょうこく》丘陵とも称します。

土本～川根小山間を走る列車。列車は井川方面行。 提供＝大井川鐵道

c)の大井川鐵道井川線が川の流れに忠実に敷設されている理由ですが、これは事実を記せばもともと大井川ダム(アプトいちしろ駅付近)の建設のために戦前に敷設された専用鉄道ですが、戦後になってさらに上流に井川ダム(昭和32年竣工)を建設することになって延伸されたものです。正解は ① ですが、資材と工事関係者を運ぶための線路ですから、高速走行の必要はありません。このため地形の加工は最小限に抑えられ、小型の車両が低速で通過できればいいので、高価なトンネルや橋梁を避けたのです。

② の観光客を運ぶために特化した鉄道は、箱根登山鉄道のような有力観光地を結ぶ戦前開業の例外的な存在以外はありませんが、この井川線の場合は断崖絶壁の中をゆっくり走る(速く走れない)ことが観光客には喜ばれるため、当初の工事用鉄道から観光目的の鉄道に転じてトロッコ列車(トロッコ電車)を走らせているもので、黒部峡谷鉄道も同様な経緯で「普通鉄道」に転じています。

d)は環流丘陵の周囲を取り巻く小平地(旧河道)の土地利用を問うものです。山の中でこれらは貴重な平地なので、大井川上流域の集落の多くがこの小平地に立地していますが、この図の範囲のAとBでは ③ 茶畑として使われています。流域は川根茶の産地なので、大井川鐵道井川線の車窓からも猫の額ほどの土地があれば茶畑が広がっているのが見えるはずです。茶畑は ∴ という記号で表わしますが、畑の記号 ∨ よりはるか以前の明治期に決められました。茶畑に特別な記号が与えられたのは、その独特な景観にもよるでしょうが、明治期に生糸と並ぶ有力な輸出品であった茶の地位が背景にあったのではないでしょうか。生糸の関連では桑畑の記号 ɣ がこれに当たりますが、こちらは平成25年図式で廃止されました。

正解 [問27] a) ③ b) ③

問 29

Check! □

右ページの湖の成り立ちについて正しい文章を次から選びなさい。

① 当初は湖の部分はすべて陸地であったが、地殻の変動があり、断層に沿って陥没して湖ができた。

② 沿岸流に運ばれた砂が流れに沿って堆積し A の砂洲を形成、湾口を塞いでできた。

③ かつて一帯の海面干拓事業が計画され、最初に A の締切堤防を作ったが、後の計画変更で干拓が中止となったため水面のみが残された。

④ 図の端に見える遠回りの鉄道を近道させて A の堤防を通そうとしたが、後に鉄道の計画が撤回されたため、結果的に湖となった。

1:200,000「紋別」昭和36年編集 ×1.38

解説

この種の湖のでき方に関する問題です。正解以外のダミー選択肢があまりに非現実的で笑ってしまった方、申し訳ありません。海岸線に沿って流れる「沿岸流」がどのような仕事をするのかに注目していただくため出題しました。

沿岸流とは海岸線に沿った海水の流れで、たとえば川が河口まで運んだ大量の砂、もしくは波が陸地を削って崖にした際の土砂などを海岸線沿いに運ぶ働きをします。これによって海岸線に沿って砂丘や砂堆《さたい》という形で砂が堆積し、また湾入したところではクチバシ状の砂嘴《さし》を海中に突き出させる働きをします。砂嘴がさらに延伸し、湾口の大半または全部を塞いでしまった状態を砂洲と呼びます(砂嘴と砂洲の厳密な区別は定まっていないようで、クチバシ状態にあるものを砂洲と呼ぶこともあります)。

このように砂洲によって外海と距《へだ》てられた湖がラグーン(潟湖《せきこ》)ですが、その代表例のひとつがこのサロマ湖です。面積は151.6平方キロ、琵琶湖、霞ヶ浦に続く日本では3番目に大きな湖で、かつては猿澗湖と表記されることもありました。オホーツク海と湖を仕切る砂洲は現在では2か所で切れていますが(東側は漁港の出入口として開削。上図の時代は1か所のみ。)、全体の長さは27キロと東

京～横浜間に匹敵する長さを持っています。

以上のことから正解は②ですが、選択肢①の「地殻の変動で断層に沿って陥没」というのは一般に断層湖というジャンルで、これには琵琶湖をはじめ、長野県北部の仁科《にしな》三湖（青木湖・中綱湖・木崎湖）や滋賀県の余呉《よご》湖などが代表格とされています。サロマ湖が海と距てているのは明らかな砂洲であることから除外できます。

③の干拓計画中止というのは鳥取県と島根県に面した中海の干拓中止を思わせますが、この地方の気候では干拓しても田んぼはできません。牧草地なら可能でしょうが、大金を投じるメリットはなく、高度成長期でもさすがにそんな計画はなかったようです。④の「遠回りの鉄道」というのは今はなき国鉄湧網《ゆうもう》線（中湧別～網走間 89.8キロ）で、JR発足直前の昭和62年（1987）3月に廃止されました。こちらも輸送密度のとても低い過疎地を走る路線でしたから、短絡する費用対効果は限りなく低く、そんな計画を立てるはずがありません。真っ赤に染まったアッケシソウの群落を見ながら能取《のとろ》湖畔を行く車窓は、実に見事なものでしたが。

問 30

Check! □

平成12年(2000)に起きた有珠山《うすざん》の噴火活動により生じた変化について、噴火前(左)と噴火後(右)の地形図を比較しながら**誤った文章**を選びなさい。

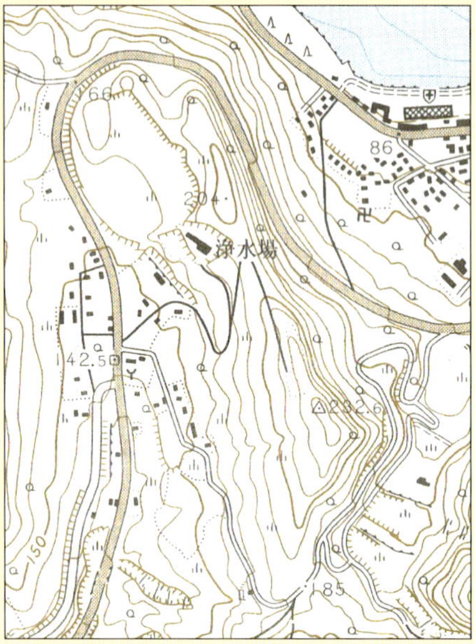

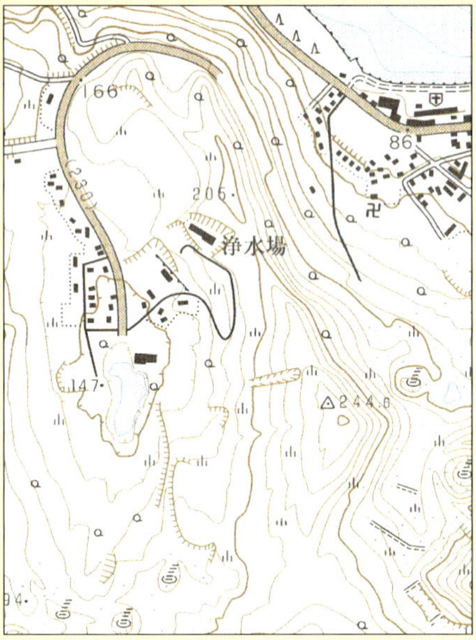

左 1:25,000「虻田」平成10年修正 ×1.52
右 1:25,000「虻田」平成12年修正 ×1.52

① 国道230号は噴火活動により寸断されたが、特に道路の南側周辺は隆起が激しく、道路に沿って南流していた川がせき止められて池ができた。

② 両図の右上に見える、湖畔を走る別の国道付近の地盤は大きく隆起している。

③ 国道230号の南側の不通となった部分には複数の噴火口(噴気口)が見られる。

④ 図の中央やや東寄りの三角点の数値によれば、この基準点付近で12メートルほど地盤の隆起があったことを示している。

解説

有珠山はこれまで多くの噴火を繰り返してきた活火山で、大規模な火山活動のたびに地形が変わるため、地形図は当然ながら修正を余儀なくされてきました。問いの2つの図は平成12年(2000)に起きた大噴火の前後の地形図で、有珠山頂から北西に3～4キロ離れた地域ですが、両図を見比べると地形の変化が反映されているのがわかります。

選択肢を読みながら順に地形図を見ていきましょう。まず①の「南側が隆起し、南流していた川がせき止められて池ができた」とする文章。平成10年(1998)修正の左図には川が描かれていませんが、2万5千分の1地形図で描かれるのは川幅が「平水時に1.5メートル以上」と決まっていますので、それ未満の小川が流れていたと考えるのが自然で、具体的にはその小川は国道に沿って図の左下端に向けて流れていたことが等高線から読み取れます。

それが噴火直後の平成12年(2000)修正の右図ではその部分が盛り上がり、国道が消えています。実際には段差が各所にできて自動車が走れない状態になりました。それまで左図に見えた142.5メートルの水準点の北側一帯の水は南流する川に流れ込んでいたはずですが、それが行き場を失ったため、この新しい池が誕生したのでしょう。そのため、池を取り巻く150メートルの等高線(計曲線)、さらに160メートルの等高線には凹地を示すトゲが付いています。

②の湖畔を走る国道の標高ですが、これは図の右上の病院近くにある86メートルの標高点(標石なし)の数値が変わっていないことから、「大きく隆起している」という表現は誤りであることがわかります。③の国道がなくなった部分に複数の噴火口(噴気口)が見られるというのは、見ての通りで正解。この噴気口記号  は見た感じがいかにも白煙が立ち上っている雰囲気で、優れた記号の筆頭格に挙げたくなります。④の三角点は、左図が232.6メートル、右図は244.6メートルですから12メートル高くなりました。大規模な火山活動で、三角点の標石を移転せざるを得ない場合もありますが、両図は同じ場所と考えられるので、この文章は間違いありません。

この三角点を取り巻く等高線のうち200メートルの計曲線に注目してみると、左図では三角点を取り巻く狭い範囲に三角形を描いていました。しかし右図の200メートルの計曲線は南側の山腹まで接続しており、また210メートルの主曲線も加わっているので、このピーク一帯から南側が大きく隆起したことがわかります。左図でここを通過していた道路は右図で消えていますが、185メートル(道路ではおそらく最高地点)の標高点があったことを考えると、右図のこの鞍部が215メートル程度ですから、約30メートルも高くなったことがわかります。

ちなみに等高線の描かれていない部分(等高線の間など)の標高は国土地理院がインターネットで公開している「地理院地図」の任意の地点で右クリックすれば0.1メートル刻みの標高、それに経緯度の数値が瞬時にわかるので、実に便利になりました。

正解 [問29] ②

問 31

Check!

次の地形図を見て下の問いに答えなさい。

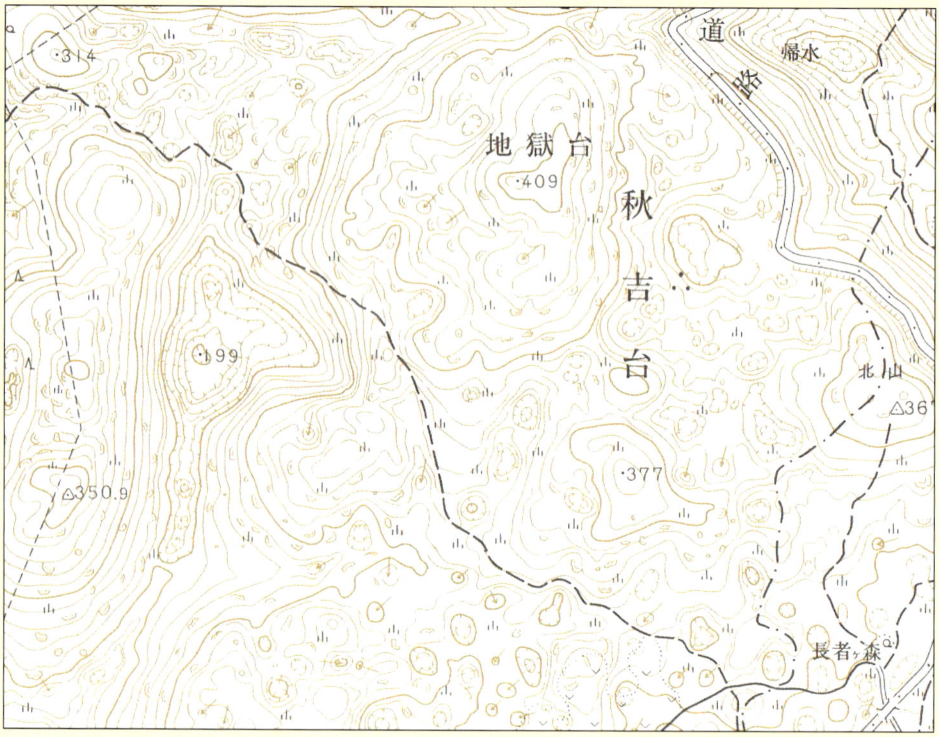

1:25,000「秋吉台北部」昭和63年修正 ×1.4

a）図の地域は日本ではこの地形の代表例です。これらの地形に共通しているのが、図上に多く示された茶色い矢印(→)。これは何を意味していますか。

①小さく突出している個所　②小さく窪んでいる個所
③雨による侵食で削られた個所（雨裂）　④比較的大きな洞穴

---

b）このような特色ある等高線はどのような地形に見られますか。

①カルスト地形　②侵食が進んだ海岸段丘　③侵食された溶岩台地
④かつて氷河が削った表面

c）このような地域で採取される典型的な鉱産資源はどれですか。

① 石炭　② 銅　③ 石灰　④ 亜炭

解説

図の中に「秋吉台」が入っているので大ヒントもいいところです。ちなみに∴の記号は文化財保護法に基づく「史跡・名勝・天然記念物」で、そのうち（特）が入っているのは特別天然記念物、特別史跡、特別名勝のいずれかを意味します（秋吉台は特別天然記念物で、最新の地形図には「∴秋吉台（特）」の注記があります）。

秋吉台は日本最大のカルスト台地として知られていますが、基本的に石灰岩（主成分は炭酸カルシウム）でできています。地中に染み込んだ水は石灰岩を少しずつ溶かし、長い年月を経ると水が地中へ達する通り道ができてそこが窪地となりますが、これがドリーネです。ですからa）の地形図に見える矢印は②の小さく窪んでいる地形――ここではドリーネを意味しています。もちろん深さが10メートルを超すような大きなドリーネは矢印ではなく、トゲのついた等高線（凹地等高線）が用いられます。それらの凹《おう》地等高線や、矢印の小さな窪地が一定範囲に数多く分布している様子からカルスト台地と判読できます。

その窪地を通って染み通る水は少しずつ石灰岩を溶かし、地中にはやがて空洞ができます。これが鍾乳洞ですが、洞内では石灰を溶かしながらポタリポタリと滴下した炭酸カルシウムを含む水が、長い年月の間にツララのように垂れ下がった鍾乳石を形成し、またそれが地底に堆積するとタケノコのような石筍《せきじゅん》を形成し、それが生長すると上からの鍾乳石と合体して石柱となります。これらの空洞に地下水が溜まると地底湖になりますが、探検は困難なので全貌が明らかになっていない地底湖が珍しくありません。

b）は前述した通り①カルスト地形が正解ですが、カルストとはスロヴェニア最南部に位置するクラスKras地方のドイツ語表記Karstです。同地方は石灰岩地形が多く見られることから、その典型としてドイツ人地形学者が論文を発表してから一般化しました。スペインのリアス地方に典型的な沈降海岸をリアス（リアス式）海岸と呼ぶのと同様です。問題c）はもちろん③の石灰です。ちなみに鉱産資源の乏しいとされる日本にも石灰鉱山は多く、今も石灰岩は自給できていますので、カルスト地形の近くには石灰鉱山とセメント工場が多く見られます。

問 32

Check!

次の地形図に示された地形およびその範囲内の写真について説明した下の文章のうち、誤っているものを選びなさい。

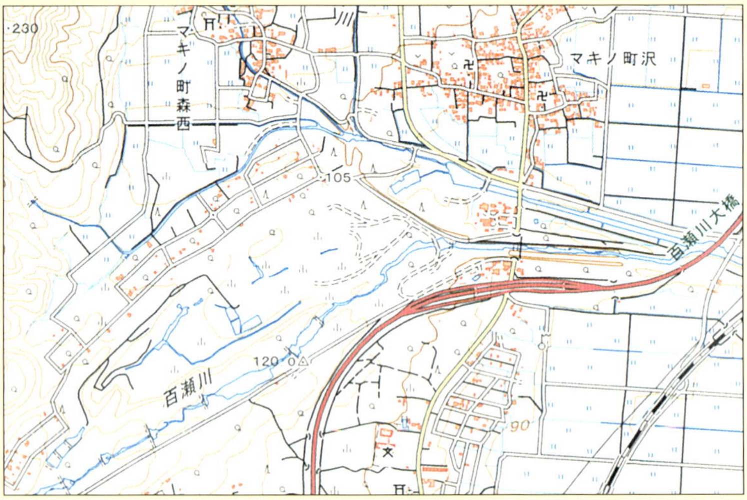

1:25,000「海津」平成25年調整 ×1.14

① 百瀬川は天井川で周囲より河床が高いので、交差する道路は橋梁ではなく川の下をトンネルでくぐっている。

② 天井川は上流部が花崗岩などの崩れやすい地質である場合に形成されやすい。

③ **この写真はバイパス（赤色の道路）をくぐるトンネルで、天井川とは直接関係ない。**

④ **百瀬《ももせ》川とその周辺は天井川で水はけが良いため、扇状地の土地の大半が水田として使われていない。**

解説

地理学に付き合いの長い人は、百瀬川の名前を見ただけでどんな問題かがわかります。この分野では知る人ぞ知る「有名川」で、これまで高校や大学の入学試験でどれだけ取り上げられたことでしょうか。この問題のキーワードは扇状地と天井川です。

山地を流れる川は、豪雨の際に狭い山の中を激流となって山を削り、岩石や土砂を下流へ勢いよく運びますが、水流は山から平地へ出た途端に運搬力が弱まり、運ばれてきた岩石や土砂は重いものから順に堆積し、軽い土砂は比較的遠くまで運ばれます。土砂が堆積した河床は高くなりますので河道は右や左に振れ、まんべんなく土砂を堆積させるようになるため、結果的に山から平地へ出た所（扇頂）を中心に上から見て扇形を描きながら土砂をぶちまけます。これが扇状地です。

扇状地では砂礫《されき》が分厚く堆積しているため水はけが良く、平時の流水は多くが地下に吸い込まれてしまい（伏流）、水無川となる場合があります。しかし洪水時は扇形の表面すべての場所を流れる可能性があるため、周囲に集落がある場合は水害を防ぐために堤防を築きます。ところが原初の形態なら満遍なく扇形に堆積してきた土砂が堤防の内側に閉じ込められるので、たちまち河床は上がって危険が高まり、堤防のかさ上げという「いたちごっこ」が続きます。その結果、河床が家の天井ほどの高さに水が流れるという事態に立ち至ります。これが天井川です。

河床が一定以上高くなれば、横断する道路は橋を架けるよりトンネルを掘った方が合理的ですから、この百瀬川でもトンネルが掘られました。この写真は大正14年（1925）に竣工した百瀬川隧道《ずいどう》で、① は正しい文です。河床が周囲より高いことは、川の周辺の田んぼより河床部分の方が等高線が下流側にせり出していることから判断できます。② は天井川の一般論ですが、上流部が花崗岩など崩壊しやすい地質だと天井川が形成されやすくなります（百瀬川上流は花崗岩ではない）。③ は「バイパスをくぐるトンネル」とありますが、図中でバイパスをくぐる「トンネル」は1車線道（一本線の記号）しかありませんので、これが誤り。写真のトンネルを通る幅員は、高さ制限の標識の「3.3m」でおおよそ判断できます。④ の土地利用ですが、この規模の扇状地であれば水田として使われることはまずありませんので正しい文です。

正解 ［問31］ a）② b）① c）③

問 33

Check! □

次の地形図を見て下の問いに答えなさい。

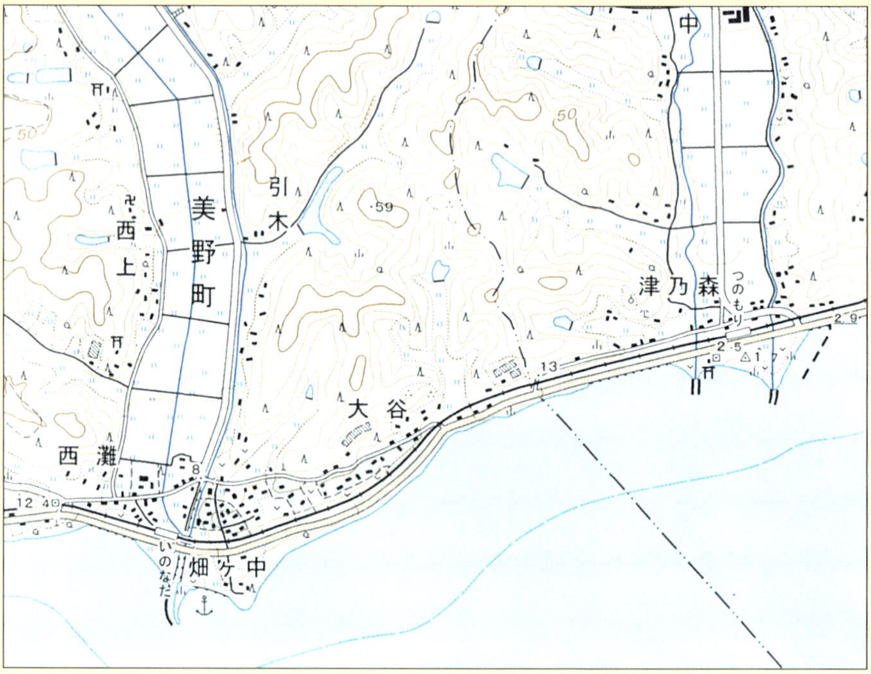

1:25,000「秋鹿」平成19年更新　×1.18

a） 上の地形図の範囲は次のどの県に属していますか。ちなみに海面に等深線が描かれることはありません。

① 福島県　② 秋田県　③ 島根県　④ 長崎県

---

b） 上の図には小さな池が点在していますが、これについて説明した次の文章のうち、正しいものを選びなさい。

① 氷河期に堆積した氷河の動きで地面が削られた所に水が溜まったもの。

② 鉱山で精錬の際に出た鉱滓《こうさい》を沈殿させるための池として設けられたもの。

③ **古くからあった自然由来の池を利用した養魚場。**

④ **取水できる流量の安定した川が近くにないため、堰堤を設けて作った農業用溜池。**

解説

a)はこの地形図がどこか当てる問題ですが、こんな狭い範囲を示されただけで「わかるはずがない」と諦めないでください。図に載っている手がかりといえば、広そうな水面と「普通鉄道(JR線以外)」の記号 、それから2.5メートルの水準点 ⊡ の数値でしょうか。これらを元に選択肢を検討してみましょう。問題文にある通り大きなヒントが水面の等深線で、この水面が湖沼であることがわかります。

まずは ① の福島県ですが、この県の代表的な湖といえば猪苗代湖がありますが、阿賀野《あがの》川の上流部に位置するので水面の標高は514メートルと高いため、問題になりません。鉄道から見てもJR以外の鉄道は福島交通飯坂線、阿武隈急行線、会津鉄道、野岩《やがん》鉄道など内陸なので標高の条件ですぐ外れます。

② の秋田県はどうでしょうか。県内の主な湖としては田沢湖と八郎潟がありますが、標高から内陸の田沢湖は除外されますので、八郎潟かどうかですが、北岸は砂洲なのでこれほどの標高ある丘陵地はありませんし、JR以外の私鉄(由利高原鉄道、秋田内陸縦貫鉄道)は付近には走っていません。③ 島根県には宍道湖があります。その北岸には一畑《いちばた》電車(北松江線。松江しんじ湖温泉～電鉄出雲市)が走っているので、これが正解です。④ の長崎県には、これほどの水面を持つ湖はありません。そもそも九州は自然の湖があまり見られない地域で、最も広い湖でもカルデラ湖の池田湖(鹿児島県指宿《いぶすき》市)の10.9平方キロです。カルデラ湖なので水深は湖岸線からすぐ深くなっていて、図のような等深線間隔になるはずがありません。

もうひとつ境界線もヒントで、水面に斜めに直線的な市郡界 —‥—・(平成14年図式)が入っていますので、等深線がなかったとしても湖沼であることがわかります。なぜなら海に行政界が引かれることがあり得ないからです。これに対して湖沼は国土面積に含まれており、地方交付税交付金の額の算定に面積が関わっているため、地方自治体の財政が厳しい昨今では、琵琶湖や十和田湖など、従来ずっと未確定であった湖沼上の境界が最近になって次々と画定されています。

b)の問題は小さな池の端にそれぞれ黒線記号があることから、人工的な堰《せき》であることが一目瞭然で、このため正解が ④ であることは明らかです。② のような鉱滓捨て場は鉱山の間近にあるはずで、しかももっと大規模にまとまっているのが普通で、このような分布はしません。

正解 [問32] ③

問34

Check! □

左の地形図（一部加工）を見て以下の問題に答えなさい。

a） 左の地形図の範囲はどの都道府県に属していますか。

① 北海道

② 岩手県

③ 三重県

④ 宮崎県

---

b） この図の海岸の特色を表わした文章として誤っているものはどれですか。

① この海岸一帯は山地が沈んで形成された典型的な沈降海岸（リアス海岸）である。

② 「鵜《う》ノ《の》巣《す》断崖」は、海の波による侵食で海岸線が後退して形成された。

③ 標高150メートル前後より上が比較的平坦であり、海岸段丘（海成段丘）の地形と見られる。

④ 海岸に近い海面に描かれた岩の記号は満潮時には海面下に沈む隠顕岩《いんけんがん》である。

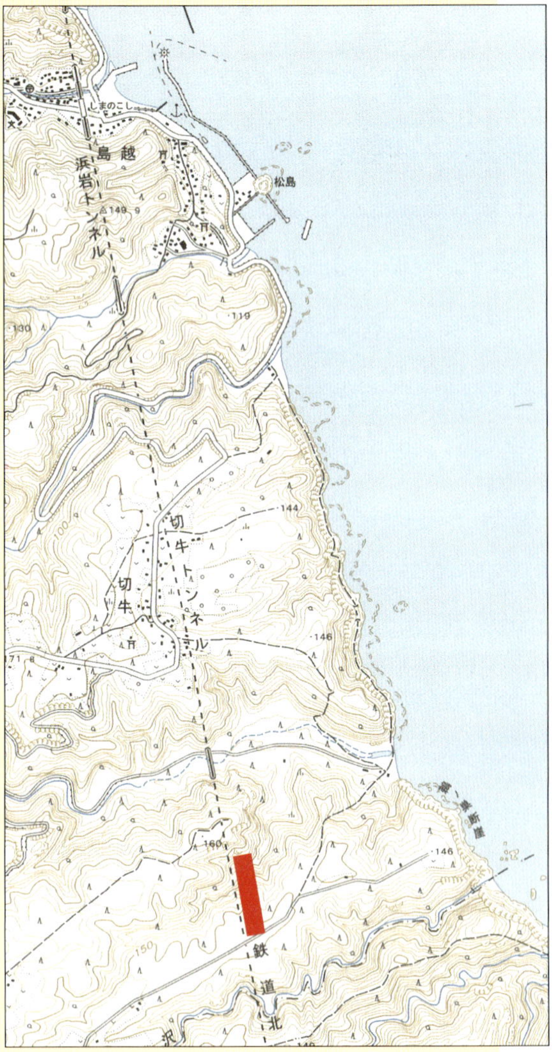

1:25,000「小本」平成18年修正更新　×0.8

解説

a）の4つの選択肢を吟味してみましょう。① の北海道のうち南北に連なる海岸で、東側が海である場所を探すと、国後《くなしり》島の対岸に位置する根室管内の海岸、十勝管内の広尾から襟裳岬にかけての太平洋に面する海岸、石狩湾に臨む積丹《しやこたん》半島の東岸、それに内浦湾（噴火湾）に面した渡島《おしま》半島が考えられますが、これだけの断崖絶壁が存在するのは十勝と積丹半島しかありません。

しかしそれ以前に、現在の道内には「普通鉄道（JR線以外）」の記号  で描かれるべき旅客鉄道（駅名が平仮名表記なのでわかる）が存在しません（貨物は太平洋石炭販売輸送臨港線が釧路市内にある）。ついでながら札幌市営地下鉄南北線の地上部分はすべてシェルターで覆われているので無壁舎の記号（10ページ参照）、札幌市と函館市の市電は「路面の鉄道」（路面電車）の記号です。

② の岩手県は三陸海岸がまさにこの方角で、しかも三陸鉄道という第三セクター鉄道が通っています。これが正解で、図の範囲はその北リアス線（宮古〜久慈）。③ の三重県もたしかに伊勢湾と熊野灘に面しているので候補地にはなりそうですが、伊勢湾沿いは大半が平地であり、熊野灘に面して走るのはJR紀勢本線だけなので記号が一致しません。④ の宮崎県は日向灘が東海岸ですが、同県にはJR以外の鉄道が走っていませんので除外できます。

問題b）ですが、この一帯は典型的な隆起海岸で、広範囲に海岸段丘の地形（海成段丘。英語ではマリンテラスと呼ぶ）が目立ちます（③は正しい）。この図では標高150メートル前後より高い部分で急に等高線の間隔が広く比較的平坦な地形であることがわかります。これが段丘面（平らな部分）で、かつての海底が地盤の上昇や海面の低下に伴って陸上に現われたものです。その後は海岸線を波が徐々に削って断崖ができました（②は正しい）。再度地盤が上昇するとその時点での海底が陸上に出てきますので、さらにもう1段の段丘が追加されます。場合によっては室戸岬周辺や青森県の深浦町付近の海岸のように数段から成る例も珍しくありません。三陸海岸の北部では段丘面の標高が高いのが特徴で、川はそれらの段丘を深く穿つ峡谷となっています。

このため明治以来の住民の悲願であった鉄道の開通は遅れました。なぜなら段丘上に線路を通そうとすれば川を渡る際に非常に高くて長い橋梁を架けなければならず、段丘下に線路を通すのであれば、断崖絶壁を避けて長大なトンネルが必要となってきます。昔からの道路はこのような深い谷を渡るために底まで降りて橋を渡り、再びつづら折りの道を段丘面まで上ることを繰り返してきました。結局鉄道は長いトンネルが連続するルートを選択して建設されましたが、昭和59年（1984）に第三セクターの三陸鉄道北リアス線としての開業を待たねばなりませんでした。

④ は隠顕岩《いんけんがん》で、干潮時に現われ、満潮時に海中に没する岩の表現で、地形図では珊瑚礁にもこの表現が用いられます。ゆえに ① が誤りです。「北リアス線」と名付けられたため、この沿線もリアス海岸だと誤解されるようですが、本当にリアス海岸を走るのは「南リアス線」（盛《さかり》〜釜石）の方です。

正解 ［問33］ a）③　b）④

都道府県を推理する

問35

Check! □

次の地形図を見て下の問いに答えなさい。

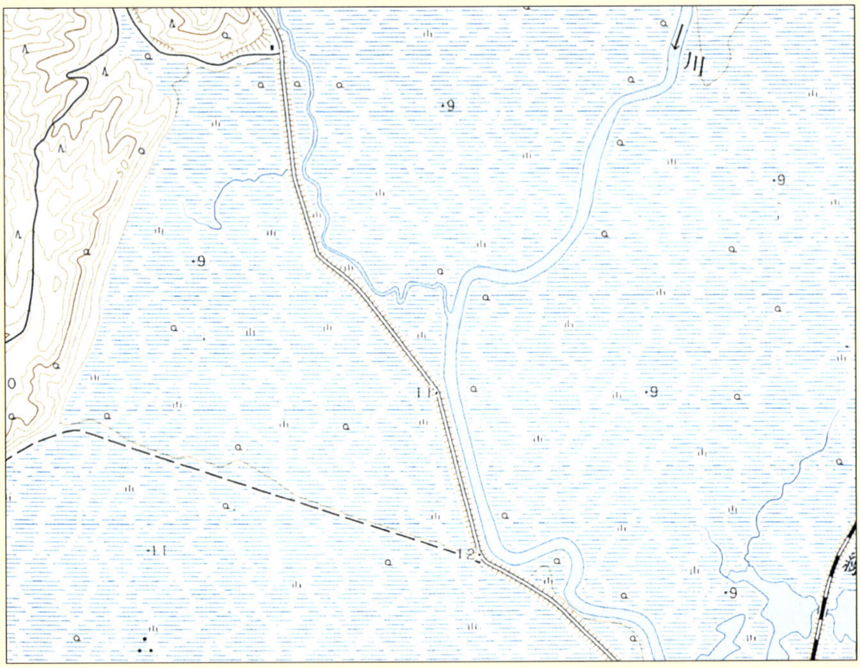

1：25,000「下久著呂」平成13年修正　×1.15

a） 上の地形図の範囲はどの都道府県に属していますか。

① 北海道　② 福島県　③ 滋賀県　④ 沖縄県

---

b） 西北西へ直線的に続いている道路はある構造物の痕跡ですが、これについて述べた文のうち正しいものはどれですか。

① 東端に見える鉄道と接続していた旧国鉄の支線の廃線跡。

② 当地には高規格道路の計画があり、築堤を作ったところで「事業仕分け」が行われて工事が中止になったための痕跡。

③ まん中に見える川をここでせき止めてダムを作ろうとしたが、工事用道路を作った段階で断念した状態。

④ 開拓のために敷設された「殖民馬車軌道」の廃線跡。

解説

a)の都道府県選びはもちろん ① 北海道が正解。これだけまとまった広さの低層湿原(要所に記された標高でわかる)は北海道以外にありません。それでも ② の福島県にはかなり広い高層湿原の尾瀬ヶ原が群馬県、新潟県にもまたがって存在しますが、標高は約1400メートルなので除外するしかありません。

③ の滋賀県で湿原があるとすれば琵琶湖の沿岸ということになりますが、今ではこれほどの湿原はありませんし、また琵琶湖の水面の標高は85メートルなのでこれも除外できます。④ の沖縄県では西表《いりおもて》島にオヒルギ、メヒルギなどから成る日本最大のマングローブ林のある仲間川の湿原がありますが、標高はせいぜい2メートル程度なので、逆に掲載した図よりも低いので違います。

b)はこの直線的な道路の素性を問うものですが、正解は ④ の殖民馬車軌道です。この軌道は明治期に開拓が始まった北海道の入植地の足として建設された軌道で、まともな道路のなかった時代にあって、特に雪融けの季節に発生する泥濘《ぬかるみ》は馬が歩けないほどの深さに達したため、レールを敷くことで「道路よりはマシな代替交通路」として整備されました。馬が牽《ひ》くといっても都市部の馬車鉄道などとは違い、それぞれ開拓者たちが運行組合に使用料を払った上で馬と台車を持込み、レール上を走らせたのです。もちろん「列車ダイヤ」などが存在するはずもなく、鉢合わせした場合は荷物の軽い方がレールから外れて譲るルールがあったそうです。

これらの軌道は北海道の開拓を管轄する内務省によって大正時代に約800キロの計画路線が決まり、昭和の戦前期にかけて道東・道北を中心に建設が進められました。これらの路線の多くは最後まで馬力による運行にとどまりましたが、主要な路線の一部にはディーゼル機関車や自走客車(気動車)が導入され、町営(村営)軌道などとして昭和40年代初頭まで残ったものもあります。浜中町、標茶町《しべちやちよう》、別海《べつかい》村(現別海町)、幌延町《ほろのべちよう》などがその例でした。

しかし昭和30年代から農村にもモータリゼーションの波が及び、トラックや乗用車に農村の足としての座を明け渡すことになります。図の痕跡は昭和9年(1934)に全線開通した軌道(塘路《とうろ》～上久著呂《かみくちよろ》間28.7キロ)でしたが、昭和40年(1965)に廃止されました。

選択肢の①は、国鉄の線路であれば通常は築堤の記号の上にこの細道が載った表現となるはずです。②と③も築堤が描かれるはず。

正解 [問34] a) ② b) ①

Column

地図読みがもっと楽しくなる5つの話

地形図とはひと味違う歴史的資料 空中写真の楽しみ

地形図は「空中写真」で作ります。写真は決められたコースを飛行機で垂直に連続撮影していくので、どのエリアにも必ず撮影地点をずらした複数の画像が揃っています。それらの中から隣接する2枚ずつで立体画像を立ち上げて等高線を描くので、国土地理院(占領下であれば米軍)が撮影した各時代の日本全国の空中写真が貴重なアーカイブとして蓄積されているのです。

空中写真は、今では国土地理院のサイト「地図・空中写真閲覧サービス」で簡単に見ることができるようになりました。出てきた日本地図を拡大し、目当ての地域にたどり着いたら写真の年代幅を決めます。あまりにも対象が多いので、たとえば「1945〜1960」などと指定して候補から写真を決め、詳しく見たければ「高解像度」にすれば家が1軒1軒はっきり写った画像も得られます。

祖父が存命の頃まであった藁《かや》葺《ぶ》きの旧宅や学校の旧木造校舎、新興住宅地となる前の農村風景や、半世紀前に廃止された鉄道の線路などなど、全国のあらゆる時期の写真画像が自由自在に見られるのは感動的でさえあります。ひたすら眺めていれば、田んぼの色が周囲と異なることから遺跡を発見したり、誰も見つけていない古道の跡が判明するかもしれません。地形図は「景色が見える地図」ですが、それとはまた違った地域の素顔が手に取るようにわかるのが空中写真の特徴です。

かつては空中写真のコースと撮影地点を記した「標定図」から目的のコマを探し出し、注文して写真の出来上がりをじっと待つ必要がありましたが、今はあまりに簡単で拍子抜けするほど。最近では戦前に陸軍が撮影した写真も続々と追加されているので、特に大縮尺の地図が揃っていない地域では一級の郷土資料として高い利用価値をもっています。この機にぜひお試しを。なお高画質の紙焼きは(一財)日本地図センターが現在も提供しています。

昭和22(1947)年11月14日に米軍が撮影した空中写真。東京都南多摩郡日野町(現日野市)の高幡不動駅周辺。京王線(当時は東急京王線)の車庫(中央最下端)と浅川を渡る旧高幡橋が見える。USA R556-No.1-134

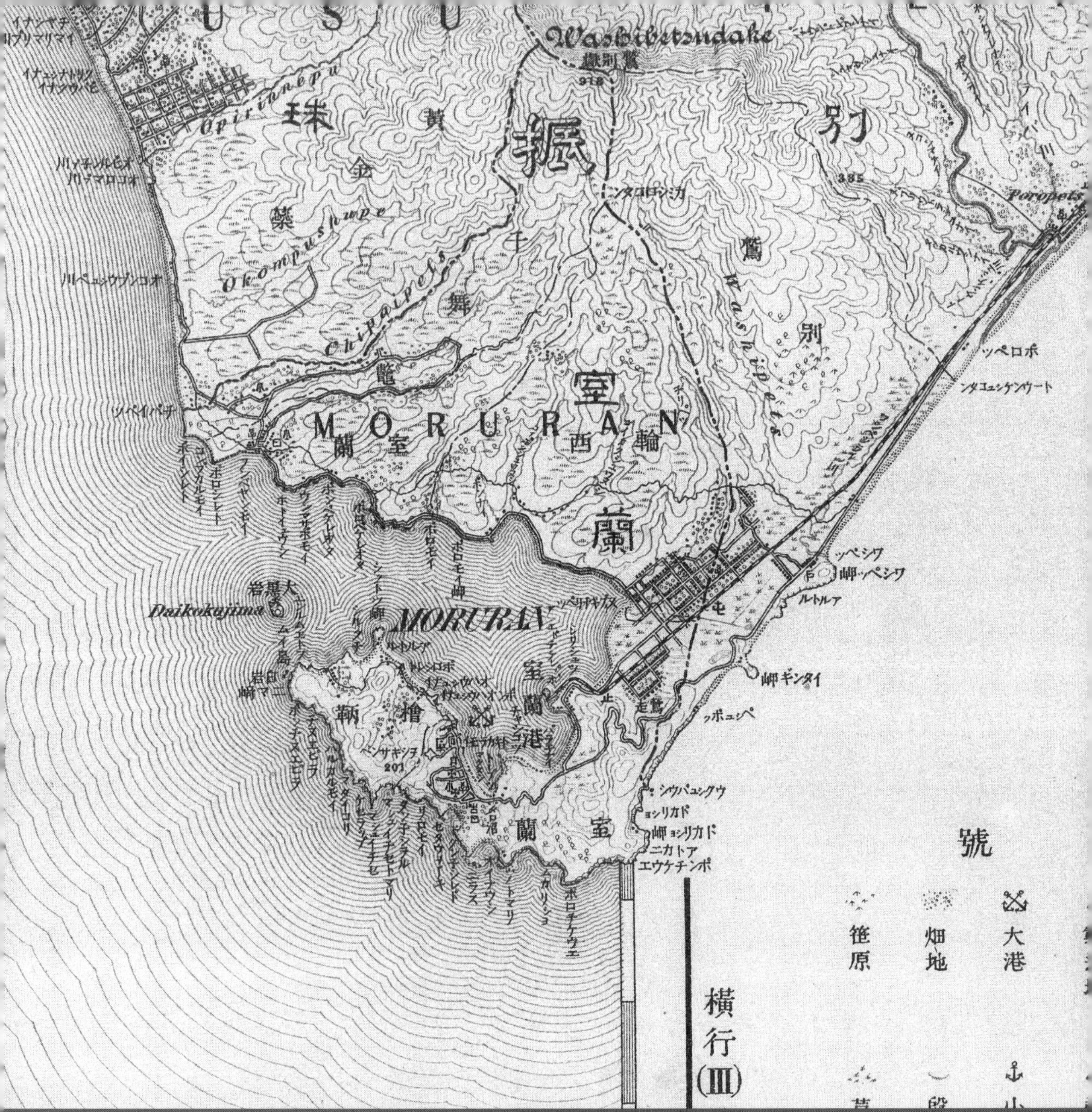

第4章

日本の地理と地名

土地の歴史を語る
奥深き地名の世界

日々の暮らしを反映する地名たち　北海道庁1:200,000「駒嶽」明治29年三刷

問 36

Check! □

明治期に決まった県名は、県庁のある都市名を採用したものの他、県庁などの所属する郡名に由来するものもあります。次のうち郡名に由来しないものはどれですか。

① 福島県　② 愛知県　③ 石川県　④ 岩手県

解説

江戸時代の幕藩体制が崩壊した後に新政府によって明治の体制が始まります。近代国家として山積する諸々の課題の中で、地方行政制度としてまず明治4年（1871）に従来の藩を廃して県を置く「廃藩置県」を断行しています。当初は3府（東京・京都・大阪）の他に藩のエリアや天領、旗本領をそのまま県に置き換えたものが302県も存在しました。

ただ細かく分かれていただけでなく、そもそも幕藩体制下の藩は遠隔地の飛び地が存在し、しかもその「飛び方」は、現在もある本体から数キロ離れたレベルどころではありませんでした。たとえば彦根藩がそのまま移行した彦根県は現在の滋賀県が本体ではあったものの、江戸屋敷に近い今の世田谷区などに飛び地を持ち、前橋県も現在の群馬県の他にやはり武蔵国の多摩郡などに飛び地がありました。国ごとに見ても、甲斐国はそのまま甲府県でしたが、上総国《かずさのくに》などは狭いにもかかわらず菊間・鶴牧・鶴舞・桜井・久留里・飯野・小久保《こくぼ》・佐貫・松尾・一宮・大多喜・宮谷《みやざく》の12県に分かれるなど大きさも人口規模もバラバラでした。当然ながら近代国家の行政区画とするには再編が必要で、何度かの統合を経て明治21年（1888）には現在の47都道府県体制に固まっています（「都」ができたのは昭和18年）。

県名には県庁所在地に由来するものが最も多く、青森・秋田・山形・福島・栃木（後に県庁を宇都宮に移転）・千葉・東京・新潟・富山・福井・長野・静岡・岐阜・京都・大阪・奈良・和歌山・鳥取・岡山・広島・山口・徳島・高知・福岡・佐賀・長崎・熊本・大分・宮崎・鹿児島の30都府県で、次に多いのが郡名です。こちらは岩手・宮城・茨城・群馬・埼玉・石川・山梨・愛知・三重・滋賀・島根・香川の12県（秋田・千葉・佐賀・大分・宮崎・鹿児島は都市名かつ郡名）。残り5道県は多様で、宿場町の神奈川（横浜市神奈川区）、港町の兵庫（神戸市兵庫区）、広域総称である沖縄、古代の「五畿七道《ごきしちどう》」に倣った形の北海道、『古事記』の国生みの段にある「伊予は愛比売《えひめ》と謂ひ」から採った愛媛となっています。したがって問題の選択肢の中では ① の福島（信夫郡《しのぶぐん》）だけが県庁所在地名で、郡名ではありません。

問 37

Check! □

戦後に誕生した次の市名のうち、河川の名前に由来しないものを選びなさい。

① 四万十《しまんと》市(高知県)　② 胎内《たいない》市(新潟県)

③ 千曲《ちくま》市(長野県)　④ うきは市(福岡県)

解説

選択肢の市名はいずれも平成の大合併で新しく誕生した市名です。四万十市は中村市と西土佐村(平成17年)、胎内市は中条町《なかじょうまち》と黒川村(平成17年)、千曲市は更埴市《こうしょくし》・戸倉町・上山田町《かみやまだまち》の3市町(平成15年)、うきは市は浮羽《うきは》町と吉井町(平成17年)がそれぞれ合併したものです。

合併して新自治体名を決めるのはなかなかしんどい仕事で、それを巡って紛糾することは珍しくありません。当然ながら関係者は自らの旧市町村名に愛着を持っていますので、できれば新しい市になってもそれを名乗りたいのが人情です。各合併協議会に設けられる「新市名称検討小委員会」でも、誰もが納得する自治体名を決定するのは至難の業。エリアは従来より広域になるので、旧郡名や江戸時代の郷名などの広域地名に落ち着くケースは多いのですが、「昭和の大合併」ですでにそのような広域地名を採用した市町村名は多いので、それがまた厄介な問題にもなります。たとえば千葉県夷隅郡《いすみぐん》の大原町・夷隅町・岬町が3町合併した際に、郡名である夷隅町がすでに存在することで、これに他の2町が併合された印象になりかねないため、平仮名の「いすみ市」にしたケースなどが代表的でしょうか(他にも同類は多数あります)。

広域地名が採用しにくい時、浮上するのが河川名です。平成の大合併でも川の名前を新自治体名とする例は続出しました。選択肢に挙げられた ① 四万十市は「最後の清流」などと評価が高い四万十川にあやかる意見が強く(隣の合併では紛らわしくも四万十町が誕生!)、日本最長の信濃川の長野県内の呼称を借りて ③ 千曲市としたのも、やはり圧倒的な知名度によるものでしょうか。② も実は川の名前なので、正解は郡名(浮羽郡)を採用した ④ です。

平成の大合併で新たに川の名を選んだ例は、他に平川市・おいらせ町(青森県)、三種町《みたねちょう》(秋田県)、那珂川町《なかがわまち》(栃木県)、桜川市(茨城県)、神流町《かんなまち》(群馬県)、笛吹市・富士川町(山梨県。静岡県富士川町は富士市に編入されて消滅)、紀の川市・日高川町(和歌山県)、吉野川市(徳島県)、仁淀川町《によどがわちょう》(高知県)などがあります。

正解 [問35] a) ①　b) ④

問 38

Check! □

いずれも戦後に誕生した次の市町名のうち、山岳の名前に由来しないものを選びなさい。

① 大仙市《だいせん》（秋田県）　② 駒ヶ根市（長野県）　③ 函南町《かんなみちよう》（静岡県）

④ かつらぎ町（和歌山県）

解説

合併した市町村名として、川の名前と同様に好まれているものに山名があります。やはり日常的に仰ぎ見る「おらが山」が合併自治体の共通の象徴となるものについてはスンナリ合意が得られるようです。静岡県の富士市などは富士郡という郡名に由来すると解釈することもできますが、やはり「日本一の山」の威光を反映しているのは間違いないでしょう。

① の大仙市は平成の大合併で誕生したので知名度は今ひとつですが、「大曲《おおまがり》の花火」で有名な秋田県の町といった方が通じるかもしれません。秋田新幹線が停車する駅名も大曲なのですが、大曲市と仙北郡《せんぼくぐん》に所属した周辺7町村が合併して誕生したので、大曲と仙北の両者の頭文字を繋いだのが大仙市です。したがって正解は ① の大仙市。同じダイセンでも鳥取県に聳えるのは「大山」と字が違い、山頂があるのはやはり大山町《だいせん》。

② の駒ヶ根市は「木曽駒ヶ岳の麓（=根）」を意味しており、昭和29年（1954）の合併の際に赤《あか》穂町《はまち》・宮田町《みやだまち》（同年1月まで宮田村）・中沢村・伊那村の4町村合併で誕生した際に命名されました。木曽駒ヶ岳の山頂は市内にありましたが、わずか2年後に宮田村が分離独立したため、山頂が市域でなくなりました。蛇足ですが、宮田村民は昭和29年1月まで宮田村、町制施行して宮田町となって間もなく駒ヶ根市大字宮田となり、同31年には分離して宮田村に戻る（村→町→市→村）という忙しい変遷を経験しています。

なお木曽駒ヶ岳の西側にも、同名の駒ヶ根村がありました。明治7年（1874）の合併で誕生しましたが、その後は大正11年（1922）に上松町《あげまつまち》に改称、現在に至っています。戦後の駒ヶ根市とは時代的に重なってはいませんが、「長野県の駒ヶ根」が時代によって場所が異なるので混乱するかもしれません。③ の函南町は箱根の山に由来しています。漢語調で「函嶺《かんれい》」と称し、その南側に位置していることから明治22年（1889）の町村制施行時に命名されました。④ かつらぎ町は昭和33年（1958）に妙寺町《みようじちよう》・伊都町《いとちよう》・見好村《みよしむら》の3町村合併で、和泉山脈の葛城山《かつらぎさん》に由来します（なお奈良県と大阪府の境界をなす金剛山地の葛城山とは別）。

問 39

Check! □

「平成の大合併」では多くの新市名が登場しましたが、それ以前から合併で新しい市名が数多く誕生しています。次の旧市と新市の組み合わせとして誤っているものを選びなさい（同時に合併した「町村」は省略してあります）。

① 高田市＋直江津市→上越市　② 徳山市＋下松《くだまつ》市→周南《しゅうなん》市

③ 江刺市＋水沢市→奥州市　④ 川之江市＋伊予三島市→四国中央市

解説

平成の大合併では多くの町村が合併してその数を減らし、市が激増しました。大合併前夜の市町村数は、平成11年(1999)度末に671市・1990町・568村(合計3229)であったのが、17年経過した同28年8月20日には790市・745町・183村(合計1718)となっています。市町村の総数はほぼ半減していますが、このうち市だけは大幅に増えているのがわかります。村の数は1割ほどの少数派となりました。市が合併してさらに広域の市になることも多く、消えた市は意外に多数にのぼっています。

①は新潟県の上越市で、駅名は高田・直江津の双方が残っていて上越という駅はありません(平成27年には北陸新幹線に上越妙高駅が開業)。城下町の高田市と港町であり交通の要衝である直江津市が合併したのは昭和46年(1971)で、東西に長い越後国(佐渡を除く新潟県)を上越・中越・下越と区分したうちの西側の上越地方の名を採りました。高田市は明治44年(1911)に市制施行した「老舗」なので、その後に市になった各地の「高田町」は大和高田市、豊後高田市、陸前高田市など国名を冠しています。

②は徳山市＋下松市＋新南陽市と2町の合併で周南市となる構想でしたが、下松市が合併協議の途中で離脱したため2市2町の枠組みで現在に至っています。したがってこれが誤り。周南《しゅうなん》というのは周防《すおう》国の南部を意味しており、戦前には昭和14年(1939)～15年の短期間ではありますが、周南町が存在しました。現在の光市です。

③は江刺市・水沢市ほか3町村が合併したものです。東北新幹線の駅名は旧2市を連称した「水沢江刺」で決着しましたが、新市名は気宇壮大に「奥州」すなわち九州より広い陸奥国を採用しました。④の四国中央市は川之江市・伊予三島市ほか2町村合併で誕生したもので、住民アンケートのレベルでは4市町村が所属している(いた)郡名をとった宇摩《うま》市が有力でしたが、「全国的に通りをよくする」などとする合併協議会の有識者らしからぬ判断で決定してしまった次第です。

正解 [問36] ①　[問37] ④

問 40

Check! ☐

戦後の合併では平仮名の市や町名が数多く誕生しました。次の市の名前とその元となった地名について、誤っているものを選びなさい。

① ひたちなか市（茨城県）←日立・那珂

② いなべ市（三重県）←員弁（郡）

③ まんのう町（香川県）←満濃（池）

④ あま市（愛知県）←海部（郡）

解説

平成の大合併では平仮名の市名が激増しました。その背景は問37の解説でも触れましたが、郡名のような広域地名をすでに称していた市町村があると、既存の町名に他の町が併合されるイメージとなるため、平仮名市名を採用してこれを回避する手法によるものと見られます。

選択肢の ① は平成の大合併が始まる少し前の平成6年(1994)に茨城県の那珂湊市《なかみなとし》と勝田市が合併して誕生したものですが、常陸国《ひたちのくに》および両市のエリアの属した那珂郡の連称です。旧市名である勝田は明治22年(1889)に勝倉《かつくら》・武田・金上《かねあげ》・三反田《みたんだ》の4村が合併した際の合成地名、那珂湊は元は那珂郡湊町でしたが、湊鉄道(現ひたちなか海浜鉄道)の駅名が開業時から「那珂湊」であった影響があるかもしれません。「常陸那珂市」という候補もありましたが、画数が多いから避けたのでしょうか。流行の平仮名市名となりました。「日立」は日立市の用字で、徳川光圀が当地の神峰《かみね》神社に参拝した際に「朝日ノ立上ル光景ハ秀霊ニシテ偉大ナルコト領内一」と称したことに由来するもので、こちらの市名とは関係ありません。よって正解は ① 。

② いなべ市は三重県員弁郡《いなべぐん》にちなむもので、平仮名はやはり合併した旧町に員弁町があったためと考えられます。難読であることが考慮されたのかもしれません。③ 香川県まんのう町は弘法大師が築造したと伝えられる満濃池《まんのういけ》にちなむもので、やはり合併旧町に満濃町がありました。④ はかつての郡名の平仮名表記です。名古屋市の西側に広がる低地が尾張国の海部《あま》郡《ぐん》で、古代には現在の岐阜県域も含んでいましたが平安末期に海東・海西《かいさい》郡に分かれ、このうち海西郡は、天正17年(1589)頃に木曽川南側部分が尾張から美濃に移籍、岐阜県海西郡となった後に下石津《しもいしづ》郡と合併してできた海津郡(合成地名)が、現在の海津市の由来です。

問 41

Check! □

「国」は古代に上下・前後に分かれたものが多く見られますが、これらについて説明した次の文のうち、誤っているものを選びなさい。

① 総国《ふさのくに》が上下に分かれ、上つ総国《かみつふさのくに》→上総国《かずさのくに》、下つ総国《しもつふさのくに》→下総国《しもさのくに》となった。

② 毛野国《けぬのくに》が上下に分かれ、上つ毛野国《かみつけぬのくに》→上野国《こうづけのくに》、下つ毛野国《しもつけぬのくに》→下野国《しもつけのくに》となった。

③ 火国《ひのくに》が前後に分かれ、肥前国《ひぜんのくに》と肥後国《ひごのくに》となった。

④ 備国《びのくに》が前中後の3つに分かれ、備前国《びぜんのくに》、備中国《びっちゅうのくに》と備後国《びんごのくに》となった。その後さらに備後《びんご》から美作国《みまさかのくに》が分かれている。

解説

国名は古代からの由緒あるものですが、おおむね7世紀後半から8世紀にかけて前後・上下に分割されました。たとえば越前・越中・越後はかつて越国《こしのくに》(高志国・古志国)でしたが、この時期に分割されています。さらに8世紀前半に能登が、9世紀前半に加賀がその後に越前から分割されました。

選択肢の ① は総国で、フサは麻を指し、それがよく育つことから総国と称したと伝えられています。それが上下に分かれ、養老2年(718)に上総からさらに安房国《あわのくに》が分割しました(①は正当)。② の毛野国ですが、こちらも正しい文章です。「国名・郡名・郷名はすべて2字でしかも良い字(好字二字)で表記せよ」との和銅6年(713)の勅令に基づいて上毛野国・下毛野国とするわけにはいかずムリヤリ2字としたので上野で「こうづけ」、下野で「しもつけ」という難読国名となりました(群馬県に上野を冠した駅名が皆無なのは、東京の上野駅と紛らわしいからではないかとの指摘もあります)。ちなみに毛野国を流れている大河はかつて毛野河《けぬがわ》と呼ばれていましたが、後に鬼怒《きぬ》川と表記が変わっています(発音はケヌ→キヌ)。

③ の火の国は八代海《やつしろかい》に見られる怪現象「不知火《しらぬひ(い)》」にちなむとされ、それが字を変えて肥前・肥後となりました。④ は備国ではなく吉備《きび》の国です。五穀のひとつ黍《きび》に由来するという説が有力のようで、やはり好字二字化で備の字に前・中・後を付けて分割しています。和銅6年(713)には備後ではなく備前国から美作国が分かれました。正解は ④ です。

問 42

Check! □

全国各地に存在する「三国山《みくにやま》」「三国岳《みくにだけ》」は文字通り3つの国が境を接することに由来しますが、それらの山の所在地として存在しない三国の組み合わせはどれですか。

① 伯耆国　出雲国　備後国　② 若狭国　近江国　丹波国

③ 陸奥国　出羽国　越後国　④ 武蔵国　信濃国　駿河国

解説

全国各地には三国山または三国岳という山が多数存在しています。『角川日本地名大辞典』によれば三国山が16、三国岳が7、合計23という多さで、すべての三国山・岳への登頂を目指している人もいるとか。これらは文字通り三国が境を接する点に山頂があることに由来しますが、どの国がどのような接続関係をもっているかを確認する、かなり意地悪な問題です。

たとえば県の並び方がすべてわかっていても、秋田と宮城、岩手と山形のどちらが接しているか、岡山と島根・鳥取と広島のどちらが接しているかを知っている人は多くありません（秋田と宮城、鳥取と広島です）。この問題は国を問うのでさらに難しいかもしれませんが、隣接しているはずのない選択肢をちゃんと用意しましたので、正答率は高いのではないでしょうか。

①の伯耆《ほうき》（鳥取）・出雲（島根）・備後（広島）ですが、これは正解です。ついでながら12キロ東には伯耆（鳥取）・備中（岡山）・備後にまたがる三国山も存在します。②の若狭（福井）・近江（滋賀）・丹波（京都）にまたがる三国岳も正解。ただしこちらも4.5キロ南には近江・丹波・山城（京都）にまたがる三国岳が存在するという紛らわしさ。後者は今の府県でいえば丹波・山城のこの部分はいずれも京都府なので3つにはなりませんが。

③の陸奥・出羽・越後は飯豊山《いいでさん》の南東5キロに位置する三国岳で、三国が接するとはいえ、福島県（陸奥）の領土が飯豊山までひょろ長く登山道の幅だけヒモのように延びているため、山形県と新潟県がわずかに接していません。ただし「登山道の幅だけ」なので、山頂で3つの国（県）が接しているという表現は妥当です。気になる方は1:25,000地形図でお確かめください。④の武蔵・信濃・駿河はあり得ない組み合わせです。武蔵と駿河の両国は最も近いところでも30キロはあります。甲斐・武蔵・信濃なら接していますが、こちらは甲武信ヶ岳《こぶしがたけ》。

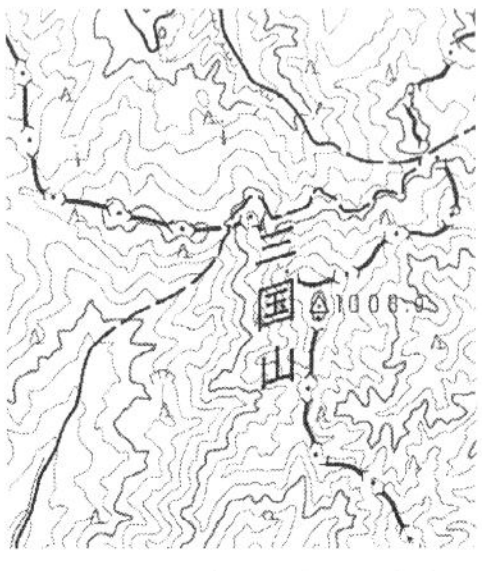

三国山の例。鳥取、島根、広島の県境の接する点に山頂がある。1：50,000「多里」平成14年要部修正　×1.25

問 43

Check! □

次に掲げた駅名の組み合わせのうち、××に共通に入るものはどれですか。それぞれ①～④の選択肢から選びなさい。たとえば「北××　南××　東××　西××　中××　武蔵××」なら正解は「浦和」です。なお××は2文字とは限りません。

a）××　本××　××中央　××みなと

①川崎　②千葉　③大阪　④長崎

b）××　新××　北××　南××　三河××

①豊橋　②蒲郡　③安城　④豊川

c）××　新××　××ビジネスパーク　××上本町

①大阪　②名古屋　③神戸　④和歌山

d）××　上××　北××　南××　西××　××城・市役所前

①松山　②熊本　③大阪　④鹿児島

解説

東・西・南・北・中・武蔵が揃った浦和は、この種の駅名のチャンピオンかもしれません。従来は地元のローカル地名を名乗っていた駅が、戦後になって知名度の高い市名に東西南北などを付けた駅名に改められる事例は、陸前中田→南仙台、東岩瀬→東富山、馬《ま》潟《かた》→東松江など少なくありませんが、新設された駅を浦和のように次々と方角付きで追加する傾向も昨今ではよく見られます。

選択肢を見ていけば、a)は首都圏にお住まいの人に有利ですが、千葉、本千葉、千葉中央、千葉みなと。川崎や大阪、長崎には「本」や「中央」「みなと」は存在しません。b)は選択肢に三河があるので愛知県。正解は③安城《あんじょう》で、新安城、北安城、南安城はいずれも名古屋鉄道の駅です。新安城駅はかつて今村と称しましたが、昭和45年(1970)に改称。c)は大阪です。上本町駅は長らく近鉄のターミナルとして親しまれてきた駅ですが、平成21年(2009)に阪神なんば線が開業したのを機に隣の灘波駅とともに大阪を冠しました。d)は熊本。北熊本駅は熊本電鉄、西熊本駅は平成28年(2016) 3月に開業したばかりの鹿児島本線の駅です。

問 44

Check! □

次のうち、駅名が西から東へ正しく並んでいるものはどれですか。

① 境港－武蔵境－羽後境　② 旭（土讃線）－旭（総武本線）－肥前旭

③ 柏原（東海道本線）－柏原（福知山線）－柏原（関西本線）

④ 五日市（山陽本線）－武蔵五日市－八日市場－六日町（上越線）

解説

「知らなきゃわからない」種類の問題ではありますが、国名と線名が大きなヒントなので意外に簡単だと思います。まず ① は境港が鳥取県境港市（境線）、武蔵境は東京都武蔵野市（中央本線）、羽後境駅が秋田県大仙市（奥羽本線）なのでこれが正解。② は同じJRで旭のつく駅で、土讃線と総武本線まで並びは正しいのですが、最後の肥前旭駅が鹿児島本線なので誤り。肥前は佐賀県もしくは長崎県なので国名がわかれば簡単です。③ は同じJR柏原駅ですが、読みは東海道本線が「かしわばら」で滋賀県米原市、福知山線が「かいばら」で兵庫県丹波市、関西本線が「かしわら」で大阪府柏原市とすべて異なっています。並び順も誤りです。

④ は市場町に設置された駅名を並べてみました。無冠の五日市駅は山陽本線で広島市佐伯区、武蔵五日市駅は五日市線で東京都あきる野市、八日市場駅は総武本線で千葉県匝瑳《そうさ》市です（平成18年1月までは八日市場市）。ここまでは並び順も正しいのですが、上越線の六日町駅は新潟県南魚沼市（旧六日町）で千葉県より西なので誤りです。

① の境港、武蔵境、羽後境の3駅は開業当時いずれも「境駅」でしたが、大正8年（1919）7月1日に一斉にこのように区別されました。大正3年（1914）から7年にかけての第一次世界大戦の影響で日本の工業生産は飛躍的に伸び、鉄道貨物の取り扱い量も急増していた時期です。そのため、どちら方面に乗るか知っている旅客はともかく、貨物は同名の別駅と勘違いされ、アサッテの方向へ持って行かれた事故もおそらく続出したのでしょう。この時期に同名駅に国名などを冠して区別する措置が相次いでいます。

他にも大正5年（1916）には全国5か所の「一ノ宮駅」が尾張一ノ宮（現東海道本線・尾張一宮）、三河一宮（現飯田線）、長門一ノ宮（現山陽本線・新下関）、上総一ノ宮（外房線）、備前一宮（吉備線）と改称されています。ただ全面的に徹底はされず、前述の柏原駅（読みは異なる。さらに信越本線にも柏原駅－現しなの鉄道黒姫駅があった）や、他にも大久保駅（奥羽本線・中央本線・山陽本線・近鉄京都線）が今なお同じ字面の駅名であるのは釈然としませんが。

問 45

Check! □

日本の都道府県でそれぞれの最高地点を調べてみると、静岡県は富士山、愛媛県は石鎚山《いしづちさん》など著名な山が目立ちますが、場合によっては最高地点がそれほど高くないものもあります。次のうち「都道府県内の最高地点」が最も低いものを選びなさい。

① 沖縄県　② 千葉県　③ 茨城県　④ 大阪府

解説

日本の最高峰が富士山であることは誰もが知っています。しかし県内最高峰はといえば、たちまち知名度が低くなる県が多いようで、私は東京都の最高峰が雲取山(2017メートル)である以外はそれほど意識したことがありませんでした。地図帳を友として子供の頃からその高度段彩(平地が緑色で、高さに応じて徐々に黄色から茶色に変化する色分け)に馴染んだ人には簡単かもしれません。

あまり高い山がなさそうな府県が並んでいますが、まず沖縄県。ここの最高峰は本島ではなく、石垣島の於茂登岳《おもとだけ》(526メートル)。②の千葉県は愛宕山(南房総市・408メートル)で、山頂付近には航空自衛隊の基地があります。③の茨城県は平地のイメージが強い県ですが、福島県との境にある八溝山《やみぞさん》は意外に高くて1022メートル。④の大阪府は奈良県との境にある葛城山《かつらぎさん》(大和葛城山)の959メートル。奈良県側からはロープウェイで約870メートルまで簡単に登れます。したがって正解は②の千葉県。この中だけでなく日本の全都道府県の最高地点の中では最低です。それでもオランダの国内最高峰(323メートル)に比べれば高いのですが。

西日本には高い山が意外に多くありません。2000メートルを超える山で最西端は白山《はくさん》(御前峰・2702メートル)です。もちろん石川県の最高峰(岐阜県にも接している)ですが、8キロほど南南西には同じ白山の峰に連なる福井県の最高峰・越前三ノ峰《さんのみね》(2095メートル)があるので、2000メートル超の県内最高峰で最西端にあるのは福井県ということになります。重箱の隅をつつくようで申し訳ありません。

ついでながら北海道の最高峰は大雪山《たいせつざん》(旭岳)の2291メートル、四国は石鎚山(天狗岳)の1982メートル、九州の最高峰は本土ではなく屋久島の宮之浦岳(1936メートル)です。九州「本島」としての最高峰は大分県の九《く》重《じゅう》山《さん》(中岳・1791メートル)。政令指定都市での最高峰は文句なしに静岡市の間ノ岳《あいのだけ》、3189.5メートル。これでも「葵《あおい》区内」です。

正解　[問42] ④　[問43] a) ②　b) ③　c) ①　d) ②

問 46

Check! □

政令指定都市が続々と増えています。人口要件などの基準が緩和されたこともあり、全部で20を数えるようになりました。多くは海に面していますが、そのうち4市は海にまったく面していません。次のうち海に面している都市はどれですか。

① 札幌市　② さいたま市　③ 相模原市　④ 岡山市

解説

政令指定都市という制度は、大正11年(1922)の「六大都市行政監督ニ関スル法律」などを引き継いで昭和31年(1956)に地方自治法改正によって登場しました(当初は戦前の六大都市から東京23区－従前の東京市を除いた横浜・名古屋・京都・大阪・神戸)。具体的には都市計画や社会福祉、食品衛生など府県の事務の一部を市が担うもので、行政区を設けることになっています。この五大都市に東京都23区を加えて「六大都市」という呼び方が定着していましたが、私などは北九州市(昭和38年指定)を含む「七大都市」で習いました。昭和47年(1972)には札幌市・川崎市・福岡市が加わり、その後は広島市(昭和55年)、平成に入って仙台市(平成元年)、千葉市(平成4年)までの計12市の体制がしばらく続きます。人口要件は長らく100万人以上を目安に運用されていましたが、今世紀に入ってそれが70万人程度に事実上緩和されたことを受けて、その後は8市(さいたま・静岡・堺・新潟・浜松・岡山・相模原・熊本＝指定順)が相次いで指定されています。

さて、問題は海に面しているかどうかですが、まずは ① の札幌市です。私も問題を作るまで海に面しているものだと思い込んでいましたが、実は最も海に近い手稲《ていね》区の新川河口近くの地点(手稲山口《ていねやまぐち》)は、海岸までわずか420メートルに迫りながら、海には面していません。ここで海への道を「塞いで」いるのは意外にも小樽市(銭函三丁目)です。② のさいたま市は簡単ですね。

③ の相模原市は海に面した神奈川県にありますが、県の北西部をまとめて面倒を見ている状態で、完全に内陸の市です。④ の岡山市は海に面しているので正解です。もともと旭川河口付近の海岸は昭和6年(1931)から市内(以前は福浜村)で、さらに児島湾《こじまわん》を距てた児島半島の北側一帯も昭和27年(1952)から29年にかけて市内に編入されていますので、海に面した歴史は長いものがあります。これで札幌・さいたま・相模原の3市が海に面していないことがわかりましたが、ついでながら残りの1市は、内陸部にある京都市です。ついでながら、中心部が海からだいぶ離れた仙台市、熊本市は、戦前から海に面していました。

問 47

Check! □

政令指定都市には行政区が置かれています。そのうち市役所は「中区」や「中央区」がある市であれば、大半がそこにあると思われがちですが、意外にも「中区」「中央区」に市役所のない都市があります。それは次のうちどれですか。

① 千葉市　② 名古屋市　③ 岡山市　④ 広島市

解説

中区や中央区という区名は各地の政令指定都市で耳にするものですが、市役所はおおむねそれらの区に置かれているというのが相場でした。しかし今世紀に入ってから、いくつか例外が目立つようになりました。

そもそも最初に中区がお目見えしたのは名古屋市中区です。「政令指定都市」どころか大正11年(1922)の「六大都市行政監督ニ関スル法律」ができる以前の明治41年(1908)に登場しました。その後は横浜市が昭和2年(1927)の区制施行に伴って中区を設置、次は昭和55年(1980)の広島市まで増えませんでしたが、今世紀に入ってからは浜松市・堺市・岡山市に誕生したので全国6市に中区が存在します。

これに対して中央区はすべて戦後の登場で、東京都(旧東京市) 35区が昭和22年(1947)に22区(後に23区)に統廃合されたのを機に、日本橋区と京橋区を合わせたのが最初の中央区となりました(その後行政区から特別区に変更)。昭和47年(1972)には札幌市と福岡市にそれぞれ誕生し、また昭和55年(1980)には神戸市生田区と葺合《ふきあい》区、また平成元年(1989)には大阪市東区と南区をそれぞれ合区して新たに中央区となりました。90年代からは千葉市・さいたま市・新潟市・相模原市に相次いで中央区が誕生しています。

これらの政令指定都市の中で、大阪市は旧市街の面積が大きいこともあって市役所が北区にありますが、その他はたいてい中区・中央区にあります。これは市役所のある旧市街にその区名を当てたためでしょう。ところが最近になって違う位置づけの中区が、大阪府堺市と岡山市に誕生しました。この2市では市域を「単なる図形」として捉えた場合にまん中となるエリアに命名しているようで、具体的には堺市役所は旧市街のある堺区にあり(川崎市川崎区と似た発想)、中区はそのだいぶ南に位置する泉北ニュータウンの区域に設けられました。岡山市でも市役所のある都心部は北区で、旭川を挟んだ東側に中区があります。さらにその東に旧西大寺市域を中心とする東区。したがって ③ の岡山市が正解です。

正解 [問44] ①　[問45] ②

問48

Check! □

次の府県のうち、政令指定都市が3つあるものはどれですか。

① 大阪府　② 神奈川県　③ 福岡県　④ 兵庫県

解説

21世紀に入ってから政令指定都市は急増し、平成28年(2016)現在では20を数えます。全国の都道府県数が47ですから相当な数になりました。昔は「六大都市」、後に「七大都市」と呼ばれていた頃が懐かしいですが、平成25年(2013)現在これら政令指定都市の住人は2730万人に及んでおり、日本人の約5人に1人が政令指定都市に住んでいることになります。これに東京都23区を加えれば全体の3割に近い数になります。

選択肢の各府県の政令指定都市を見れば、① 大阪府には大阪市と堺市の2つで、その他は約50万人の東大阪市、少し離れて40万人前後のクラスに豊中市・吹田《すいた》市・高槻市・枚方《ひらかた》市などが並んでいます。② 神奈川県は横浜市・川崎市・相模原市の3つで、これが正解。政令指定都市が3つある都道府県は他にありません。神奈川県の人口は約915万人(2016年6月現在)で、平成18年(2006)に大阪府を抜いて東京都に次ぐ第2位となりました。欧州と比較すれば、オーストリアの人口(867万人)はだいぶ以前に抜き去り、日本の面積より広いスウェーデンの人口(980万人=2015年)に迫る勢いです。③ の福岡県は、北九州市と福岡市が政令指定都市ですが、神奈川県と福岡県は昭和47年(1972)に福岡・川崎両市が指定されたことにより、初めて複数の指定市を持つ県となりました。④ の兵庫県は近畿地方で最大の面積を持っていますが、政令指定都市は今でも神戸市だけです。ちなみにその他の市の人口ランキングは姫路市54万人、西宮市49万人、尼崎市45万人(40万人以上)。

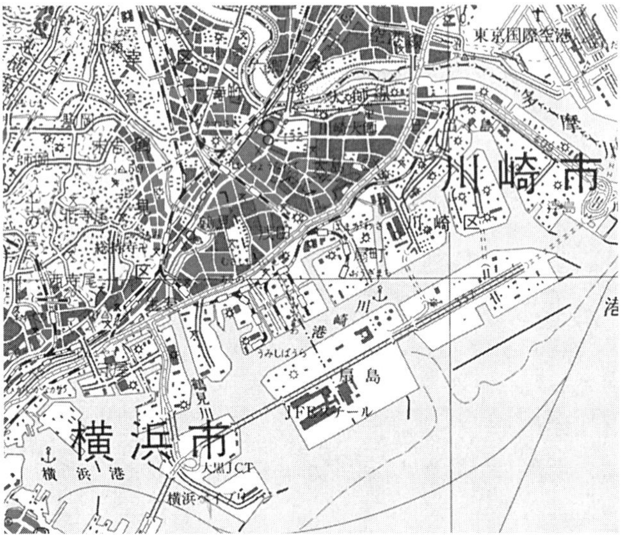

横浜市と川崎市は、政令指定都市が隣り合う唯一の例。
1：200,000「横浜」平成24年要部修正　×1.15

問 49

Check! □

市制施行するにあたって人口要件の目安は原則として5万人とされていますが、人口減少で5万人に満たない市は数多く存在します。次の市のうち、人口が最も少ないものはどれですか。

① 夕張市（北海道） ② 日光市（栃木県） ③ 蕨《わらび》市（埼玉県）

④ 珠洲市《すずし》（石川県）

解説

市は地方自治法第8条によれば、①原則として人口が5万人以上、②中心市街地の戸数が全戸数の6割以上、③商工業等の都市的業態に従事する世帯人口が全人口の6割以上、という市制要件が定められていますが、平成の大合併の少し前の平成7年(1995)に改正された「合併特例法」で人口要件が3万人以上に緩和されたため、以後はまさに雨後の筍のように市が急増しました。このため②や③の要件も事実上は「お咎めなし」になったようで、人口密度がかなり低い、かつての市のイメージからかけ離れた超広域の市も増えています。

その一方でかつては名実共に堂々たる市であったところも、産業構造の変化、特に炭鉱都市などで高度成長期以降に顕著な人口減少があり、見る影もなく縮小した市も少なくありません。選択肢 ① の夕張市はまさにその典型的な炭鉱都市で、最盛期の昭和35年(1960)には11.7万人を記録しましたが、その後はエネルギー革命に伴う閉山が相次いで昭和52年(1977)には5万人を割り込み、同62年には3万人を割り、平成4年(1992)に2万人を、さらに平成25年(2013)には1万人を割ってしまいました。同28年6月30日現在は8949人となっています。

② の日光市は昭和30年(1955)から35年にかけて3.3万人の人口でピークを迎えましたが、その後は平成17年(2005)に1.6万人台まで減少しています。しかし同18年には隣接する今市《いまいち》市・足尾町・栗山村・藤原町とともに5市町村で広域合併したため、平成28年(2016) 6月1日現在約8.3万人となっています。

③ の蕨市は同じ日付で7.3万人ですが、面積は「日本最小の市」でわずか5.11平方キロ。④ の石川県珠洲市は能登半島の先端に位置する旧珠洲郡の3町6村が昭和29年(1954)に合併したもので、人口は同じ日付で1.4万人。市制施行当時は3.8万の人口を擁していましたが、その後は減少を続けています。したがって正解は唯一1万人に満たない ① の夕張市ということになります。

問 50

Check! □

明治期に廃藩置県が行われ、その後の統廃合で現在の47都道府県ができましたが、県庁は近世の城下町に設けられたものが少なくありません。次の県庁所在地のうち、近世の城下町に由来しないものはどれですか。

① 山口市　② 福井市　③ 秋田市　④ 長野市

解説

日本国内に47か所ある都道府県庁所在地には、さまざまな歴史を持つ都市があります。中でも近世に城下町であったところが多く選ばれ、そのような都市ではたいてい城跡に県庁や市役所、または旧制高等学校や兵営などが置かれてきました。江戸城のあった東京市(現東京都23区)で城跡は言うまでもなく宮城《きゅうじょう》(皇居)やそれを間近で守る近衛師団司令部(現北の丸)をはじめ、その周囲は各種官庁街などに利用されました。

選択肢 ① の山口市ですが、ここはかつて中国地方から北九州一帯を支配した大内氏の居館のあったところです。近世には毛利氏が萩に城を構えたことから山口は奉行所が置かれるのみで一時衰微した時期もありましたが、藩庁が幕末の文久3年(1863)に移転してから活況を呈していますので城下町由来です。② の福井市は柴田勝家の建設した北庄《きたのしょう》の城下町に始まりましたが、「敗北の北」を忌んで福居を経て福井と改称、後に越前松平家の居城として幕末に至っています。残念ながら昭和20年(1945)の大空襲と、それに続く同23年の福井地震(この時に「震度7」が新設されました)で城下町は壊滅的な被害を被ったため、城下町らしい佇まいが少ないのは残念です。

③ の秋田市も城下町で、佐竹氏の久保田城下町が市街の基礎となっています。これらに対して ④ の長野市は善光寺の門前町として発展したもので、これだけ近世城下町に由来せず、正解です。この町には後世の信越本線ルートをたどる北国《ほっこく》街道の宿場町の要素が加わっています。善光寺の参道には古くからの旅館がいくつかありますが、今も営業を続ける「藤屋御本陣」(本陣ではない)は加賀藩の参勤交代の際に前田氏が定宿として利用していました。

近世の城下町に由来しない都市は少数派ですが、都道府県庁になった例を挙げれば、札幌市は開拓地(殖民地)の中心として計画された都市であり、青森市や千葉市は港町および商業都市としての性格がありました。また横浜市や新潟市、そして長崎市などは国際貿易港都市、といったバリエーションがあります。

問 51

Check! □

次の一級河川のうち、流域が単一の都県にとどまるものはどれですか。

① 多摩川　② 常願寺川　③ 北上川　④ 江《ごう》の川《かわ》

解説

一級河川とは河川法に定められている川で、国土保全や国民経済上、特に重要な水系として国土交通大臣が指定する河川を指します。河川は本川《ほんせん》(本流)だけでなく支川《しせん》(支流)も含めた流域で総合的に管理する必要があることから、流域をまとめて「一級水系」として指定しています。一級水系はおおむね複数の都府県にまたがるものが多いのですが、単独の県を流れる水系であっても、特に重要と認められた一級水系があります。

この問題は流域が複数の都県にまたがっているかどうかを問うものですが、① 多摩川(本川延長138キロ)は源流が埼玉・山梨県境の笠取山《かさとりやま》直下にある「水干《みずひ》」で、しばらく山梨県内を流れ下った末に東京都の奥多摩湖に注いでいるので、これは除外です。② の常願寺川は本川延長がわずか56キロで富山県内だけを流れていますので、これが正解。流域面積は368平方キロと多摩川の約3分の1しかありませんが、崩壊を繰り返す立山カルデラに源流を持っていることから洪水時の土砂がきわめて多量で、有史以来治水に悩まされたことから一級水系になりました。砂防工事は明治から今に至るまで延々と続けられています。

③ の北上川は岩手県の北上高地の山中に源流を持ちますが、盛岡付近からはひたすら南下して宮城県に入り、同県内で太平洋に注いでいます。流域面積は1万150平方キロと非常に広く、日本の水系では利根川、石狩川、信濃川に次ぐ第4位です。1万平方キロを超えるのはこの4水系しかありません。

④ の江の川は中国地方では最大の流域面積(約3900平方キロ)を持ち、本川の長さも194キロと同地方では最長となっています。源流の大谷川は広島県北広島町の阿佐山南麓(太田川の源流にも近い)ですが、まずは河口である日本海とは逆の南東〜東へ流れていきます。三次《みよし》市付近の盆地でいくつかの支川を合わせてから西へ転じ、しばらくの間は広島・島根の県境を流れてから北流、三瓶山《さんべさん》の南方からは南西へ向きを急転して次第にそれが北西へ向きを変え、江津《ごうつ》市で日本海に注いでいます。県境付近の峡谷は、中国山地が隆起する量より江の川が侵食する量が多かったため形成された、いわゆる「先行河川(横谷《おうこく》)」です。

Column

地図読みがもっと楽しくなる5つの話

日本の地名を英語表記する意外な苦労とは?

ローマ字で日本語を表わすのは意外に難しいものがあります。たとえば大野さんと小野さん。Oの上にーを付けて長音を表示するのはPCで表示が難しいので、便宜的にOhnoとhを入れたりしてはいますが、田園調布を「デネン…」と読まれないようにDen-en-chofuといった表記も必要になります。そもそも音韻体系がまったく異なる外国人にとって日本の地名は難関。悩みは尽きません。

さて、山、海、川、島など自然地名の表記も厄介です。たとえば八丈島はHachijo Island、利根川はTone Riverでいいのですが、大島をO Island、荒川をAra Riverと言われても通じないことがありそうです。このため固有名詞部分が単独で用いられる地名（八丈・利根）は切り離して使い、単独で用いられない地名（大・荒）は地形用語部分もくっつけてOshima IslandやArakawa Riverとする方法が徐々に普及してきました。

神社仏閣や施設名の場合も難しく、北野神社はKitano Shrineでいいのでしょうが、浅草寺はSenso TempleではなくSensoji Templeとなるのでしょう。国土地理院では平成26年（2014）に「外国人にわかりやすい地図表現検討会」（私も委員）を立ち上げ、議論をふまえて具体的な表記についての報告書を作りました。

それ以外にも2020年の東京五輪を控えて目立つ動きのひとつとして、交差点名もHino ZeimushoからHino Tax Officeという具合に英語表記化が進んでいます。駅名のローマ字化も課題で、多摩動物公園駅は現状ではTama-DobutsukoenですがTama Zooに代わるかもしれません。訪れる国の言語を知らない外国人は当然ながら多く、Dobutsukoenなど長いローマ字表記は「悪魔の言語」に見えますから（ドイツ語を知らない人がGeschwindigkeitsüberschreitung〔スピード違反〕に白旗を揚げるように）。

右／東京メトロ浅草駅ホームの表示。浅草寺は「Sensoji Temple」、雷門は「Kaminari-mon Gate」。
左／国土地理院の「外国人にわかりやすい地図表現検討会」での議論を受けてローマ字表記された地図。　1:5,000,000「Japan and its surroundings」2015年編集（国土地理院発行）×1.32　ただし島・岬・海洋地名などは海上保安庁による海図掲載基準に基づく表記になっている。

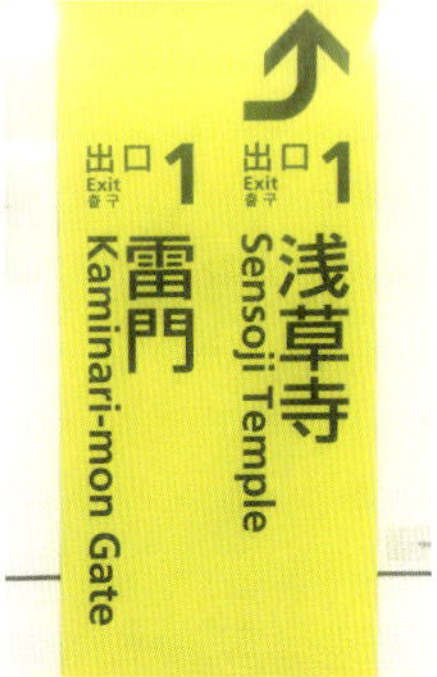

第5章

世界の地図と地理

地図は国の歴史と風土を雄弁に語る！

まだ日の沈まぬ時代だった？大英帝国　新光社『世界地理風俗大系第10巻 イギリス』昭和4年発行

問52

Check! □

インド付近の次の白地図について、ある国から「国境が違う」とクレームがつきました。その国は次のうちどれですか。

① インド　② 中国　③ ネパール　④ バングラデシュ

解説

地図に境界はつきものですが、場合によってはその境界の描かれ方について「不服」を申し立てる人、または国や自治体が出てくることがあります。日本国内でさえも全国各地には現在も未解決な境界問題は枚挙に暇がありません。代表的なのが日本の最高峰である富士山頂で、こちらは静岡・山梨の両県が、所属をめぐって明治の昔から争っています。こういう場合は地図にどのように表示するかといえば、境界の両側の自治体が意見を異にする部分については、境界を一切描きません。戦前の地形図では河川や道に沿って境界が引かれている部分を（線が重なって煩わしくなるので）省略していましたが、現在では確定している部分ではすべて描くことになっています。

さて、国どうしの場合は、出版する国の政府が「これが正しい」と意思表明すれば、地図会社などは安心して国境を描くことができます。ただしこれは自国の問題に限ってであり、日本とは直接領土問題を有していない第三国どうしの国境は、場合によって両者の主張をどちらも受け入れ、たとえば破線で描いたりすることはあります。

マクマホン・ラインと中国が主張する国境。

破線の国境線で最も有名なのはカシミール地方ではないでしょうか。この地方はインドやパキスタンが独立する以前は全部ひっくるめて「英国領インド」でしたが、主に宗教によってヒンドゥー教地域がインド、イスラム教地域がパキスタンとして1947年に独立しました。

しかし両教徒が截然《せつぜん》と分かれて住んでいるわけではないので、その後は3回に及ぶ「印パ紛争」があり、現在も国境は事実上確定されていません。このため学校で使う文部科学省検定地図帳では破線があちこち入り組んでいるのが現状です(中国も絡んでいるのでさらに複雑)。ちなみにインドの東西に分離していたパキスタンのうち、東側に位置する「東パキスタン」は、1971年にバングラデシュとして独立しました。

さて、問題のエリアには中国、インド、ネパール、ブータン、バングラデシュ(旧東パキスタン)、ミャンマー(旧ビルマ)、タイ、ラオス、ベトナムが入っていますが、この地域で注目する境界は、中印紛争に絡んだ部分でしょう。辛亥《しんがい》革命(1911～12年)で清朝が滅亡した際、その版図であったモンゴルやチベットは独立に向けて動き始めましたが、清朝に代わった中華民国が引き続き両地域を支配しようと企て、それにロシアやイギリスなどの思惑が絡まり複雑化していきます。

1914年にはチベット(ダライ・ラマ代表)と英領インドの国境画定を行うシムラ会議で、イギリスの外交官ヘンリー・マクマホンが当時の英領インドに有利なようにヒマラヤ山脈の稜線に沿ったラインを国境線としました。これが「マクマホン・ライン」です。しかし「チベットを領有」する立場をとっていた当時の中華民国、それを引き継いだ中華人民共和国は、チベット人居住地が稜線以南に及んでいることもあり、今に至るまでこのラインを認めていません。これを巡って1959～60年には中印紛争も起きました。このためクレームを付けるとすれば ② の中国ということになります。

しかし現在ではこのマクマホン・ライン以南のエリアはインドが実効支配しており、アルナチャル・プラデシュ州を設けました(上の地図参照)。

正解 [問50] ④ [問51] ②

問 53

Check! □

ある国の政府が次のような声明を発表しました。その国はどこですか。

a）「東海に浮かぶA島（北緯約37度）はわが国固有の領土である」

① 韓国　② 中国　③ マレーシア　④ フィリピン

b）「東海に浮かぶB島（北緯約26度）はわが国固有の領土である」

① 韓国　② 中国　③ マレーシア　④ フィリピン

解説

島の問題ですが、a)とb)の文章で異なるものは緯度しかありません。これは領土問題は別として、ある海をどの国がどのように呼ぶかという興味深いテーマでもあります。

a)は東海に浮かぶA島で、しかも選択肢がアジアなので簡単です。北緯37度という緯度は、朝鮮戦争での休戦ラインの代名詞「北緯38度線」の111キロ南にありますから、①の韓国以外にあり得ません。よってA島は日本の竹島、韓国で言う独島《トクド》です。韓国では周知の通り日本海を東海《トンヘ》と呼び、世界の海図・地図に東海またはEast Seaを普及させようと努力しており、私が見学に行ったパリのICC－国際地図学会の大会でも、韓国の国立地理院の職員たちがEast Seaの表記がある古地図をプリントしたTシャツを配っていました。しかし日本海 Sea of Japanはかなり昔から世界的に通用している呼称で、しかも日本にとっては西側もしくは北側に位置する海ですから、なかなか受け入れられません。

b)は同じ東海ですが、北緯約26度あたりの海といえば、日本で言う東シナ海です。しかし中国や台湾では東海（東中国海・中国東海とも）を使っています。この緯度でどこかの国が領土を主張しているB島といえば尖閣諸島（魚釣島）の他にありませんから、②の中国が正解。ちなみに韓国では済州《チェジュ》島《ド》の南側の東シナ海のことを南海《ナムへ》と呼びます。東西南北があくまで相対的な呼び名であることが実感できるのではないでしょうか。

ついでながら、欧州のバルト海はイギリス、ロシア、ポーランドなどでの呼称で、ドイツでは東海 Ostseeと呼び、同様にバルト海西岸の諸国であるノルウェー、デンマーク、スウェーデンでも東海と呼んでいますが、その東側に位置するエストニアでは「西海 Läänemeri」です。

問 54

Check! □

主に人口希薄な地域にはしばしば経線や緯線を国境とする場合があります。次の2国間の境界の一部が経線または緯線であるものはどれですか。

① エジプトとリビア　② 大韓民国と朝鮮民主主義人民共和国（北朝鮮）

③ ドイツとポーランド　④ アルジェリアとマリ

解説

砂漠やツンドラなど人口がきわめて希薄な（かつて希薄だった）エリアには、しばしば経緯度線など直線的な国境が引かれます。最も有名なものはアメリカ合衆国とカナダの国境である北緯49度線でしょうか。2000キロほども長く東西に延びていますが、メルカトル図法なら直線に見えても、厳密には地球の「鉢巻き」たる緯線なので円弧の一部です。

選択肢 ① はエジプトとリビアの国境ですが、ここはサハラ砂漠のまん中に引かれた東経25度線に一致しているので正解です。② の大韓民国と朝鮮民主主義人民共和国（北朝鮮）の境界は「北緯38度線」と呼ばれることが多いのですが、この休戦ラインは緯線に一致しているわけではなく、この線を中心に屈曲しています。③ の現在のドイツ・ポーランド国境が決まったのは第二次世界大戦後で、ポツダム会談により連合国が決めた「オーデル・ナイセ線」です。文字通りオーデル川とその支流ナイセ川のラインを用いた暫定国境（後に画定）。この線引きはナチスの擡頭《たいとう》以前から長らくドイツ領であったシュレジエン地方などを全面的に否定する強引なものでしたが、そこに住むドイツ人は追放されました。経緯度ではありません。

④ のアルジェリアとマリの国境はサハラ砂漠のまん中に引かれているので、経緯度線かと思われがちですが、両国間は2点間を結んだ斜めの直線的なラインです。マリとモーリタニアとの国境は経線に見えますが、微妙に北北西−南南東の向きにわずかに傾いているのが不思議です。

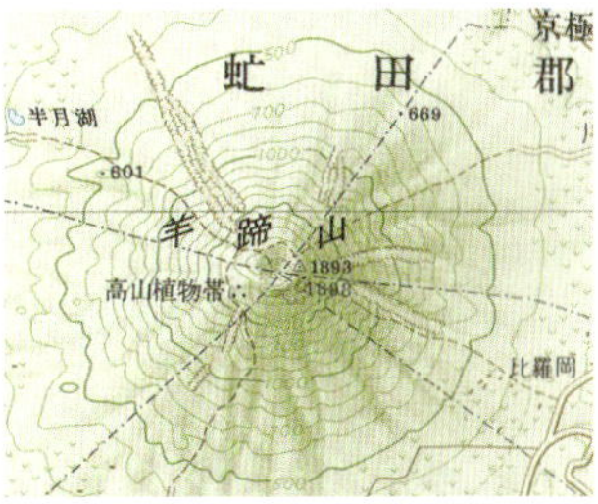

羊蹄山の山頂には5つの町の境界がある。
1:200,000「岩内」平成8年修正　×0.9

日本にはこんな境界はないと思いきや、特に北海道には各所に見られます。最も集中しているのが羊蹄山（後志《しりべし》管内）の山頂から5方面に延びるほぼ直線のライン。関係町村は北から時計回りに倶知安《くっちゃん》町、京極町、喜茂別《きもべつ》町、真狩《まっかり》村、ニセコ町です。火口の中で5本の線は1点に収束していますが、これだけの自治体が1つの点に集まっている場所は他になさそうです。

問 55

Check! □

小さな面積の国はしばしば1つの国に完全に取り囲まれていることがあります。次のうち、この例に当てはまらないものはどれですか。

① イタリアとサンマリノ　② イタリアとバチカン市国

③ スイスとリヒテンシュタイン　④ 南アフリカ共和国とレソト

解説

広島県に安芸《あき》郡府中町という町があります。自動車メーカーのマツダ（旧東洋工業）が本社を構えるところで、それゆえに周囲をすべて広島市に囲まれても同市に編入される気遣いはありません。同様の例としては、浜松市に取り囲まれながらも軽自動車で知られるスズキ本社の存在によって独立を保ち続けていた静岡県浜名郡可美村《かみむら》がありましたが、平成3年（1991）に浜松市に編入され、今では府中町が国内唯一の例となりました（飛び地が隣の自治体に入っている例は多数あり）。

しかし世界には国レベルでそのような事例が意外にあります。選択肢の中で最も有名なのは ② のバチカン市国でしょう。この「国」は、ローマ市内のサンピエトロ大聖堂とその周辺にわたるわずか0.44平方キロ、要するに正方形にすると約660メートル四方に過ぎません。ローマ教皇庁の所在地として、世界中に膨大な人口を擁するカトリックの総本山としての地位があるため、ふつうの国の概念からは外れていますが、いろいろと経緯があって現在の位置づけとなりました。国民の大半が聖職者です。16世紀にローマ教皇をスイス人兵士が守った故事にちなみ、今も衛兵はスイス人が独特な伝統的装束でつとめています。

① もイタリア関連で、サンマリノという小国との関係ですが、これもやはりイタリアに囲まれています。面積は61.2平方キロと、千葉県松戸市や東京都大田区と同じくらいの大きさですが、人口は約3.2万人に過ぎません。4世紀初頭にローマ皇帝の迫害から逃れたキリスト教徒たち（代表者が聖《サン》マリノ）がこの山中に潜伏し、そこで共同体を創設したのが始まりとされています。

③ のリヒテンシュタインは、スイスとオーストリアとの間にはさまれたライン河畔にありますので、これが正解です。隣国と同様に永世中立国で、しかも非武装。通貨はスイスフランが使われていますが金融業が発達しており、昨今話題のタックスヘイブンとしても知られています。④ は南アフリカ共和国に囲まれたレソト。この種の国では最大の面積（約3万平方キロ）で、関東地方と同じ程度の広さがあります。

問 56

Check! □

次の地域はいずれも住民の間で「独立」運動が起きたところである。それぞれと関係する国を挙げたものとして、誤っているものを選びなさい。

① クルド（クルディスタン）…… トルコ　イラン　イラク

② バスク …… フランス　スペイン

③ カシミール …… インド　パキスタン　中国

④ カタルーニャ（カタロニア）…… スペイン　イタリア

解説

日本という国は「日本人」が大半を占め、アイヌや在日韓国・朝鮮人差別などの問題を抱えながらも民族問題は非常に少ない国です。島国という理由もあるでしょうが、アジアやアフリカ、ヨーロッパなどの大陸では、民族の境界と国境が必ずしも一致していません。このため歴史上多くの民族問題に由来する紛争が各地で多発しています。

① のクルド人問題は長く深刻です。彼らの住む地域をクルディスタンと呼びますが、国レベルではトルコ東部、イラン北西部、イラク北部、シリア北東部にまたがっており、約2800万人を擁しながらもいずれの国でも「辺境」に位置する少数民族であるため、独立運動が起こりながらも統一国家を建設するにはほど遠い状況です。元はといえば広大なオスマン帝国が滅亡した後で、英仏露の3国がそのエリアをどう分割するか、第一次大戦中の1916年に話し合った密約（サイクス・ピコ協定）に沿って国境が決まったのが不幸の始まりとなりました。

② のバスク問題も根が深いものです。バスク人はフランス・スペイン国境のピレネー山脈周辺に古くから住む民族で、系統不明のバスク語で知られており、定説はありませんが、アーリア人がヨーロッパに到達する以前にすでに先住民として居住していたとも言われています。日本で最も馴染み深いバスク人はイエズス会の宣教師フランシスコ・ザビエル、そして作曲家のモーリス・ラヴェル（「ボレロ」の作曲家）でしょうか。③ のカシミールは問52を参照してください。④ のカタルーニャ（州都はバルセロナ）も独立の気運が常に高い地域ですがスペイン国内の問題であり、イタリアは関係ありませんので、これが正解。

正解　［問53］a）①　b）②　［問54］①

問 57

Check! □

多国間にまたがる地名は国や言語により呼び方の異なる場合があります。次の地名群はいずれも同じものを指していますが、このうち誤っている組み合わせを選びなさい。

① ペルシア湾／アラビア湾　② コルス島／シチリア島

③ イギリス海峡／ラ・マンシュ　④ チョモランマ／サガルマータ

解説

　複数の国が関係する川や湾、山脈や島など、自然地理的な名称については、国によって、また言語によって異なる呼び方が併存している場合が珍しくありません。日本国内でも新潟県で信濃川と呼ぶ川の上流部が信濃国（長野県）に入った途端に千曲川になったり、香川県側では自国の名をとって讃岐山脈と呼ぶ（文部科学省も同じ！）のに対して、同じ山並みを徳島県人は阿讃山脈（阿波＋讃岐）と呼んでいるほどですから、ましてや言語を異にする人がそれぞれどのように呼ぶかが多岐にわたるのは当然です。

① のペルシア湾とアラビア湾ですが、海図に掲載する用語としては古くから国際的に用いられてきたペルシア湾Persian Gulfが公式なものとなっています。ところが1960年代に「汎《はん》アラブ主義」の高まりとともに、ペルシア（＝イラン）という特定の国名を冠するのはふさわしくないとして、アラブ諸国は「アラビア湾」と呼ぶようになりました。

② のコルス島とはコルシカ（イタリア語読み）のフランス語読みですから、当然イタリアのシチリア島とは違います。中世からコルシカ島の対岸にあたるイタリアの都市国家ジェノヴァなどが領有していた時代が長く続きましたが、18世紀に起こったコルシカの独立戦争を鎮圧したのがフランス軍で、これを機にフランス領となりました。ですからこの問題の答えは ② です。

③ はイギリス海峡ですが、その東端に位置するドーヴァー海峡の方が有名かもしれません。イギリス海峡English Channelは英仏間のすべてを含む広域で、一般に英仏海峡とも呼ばれています。フランス語ではラ・マンシュ La Manche。これは袖を意味しますから、日本語なら袖ヶ浦（東京湾の千葉県側の呼称）といったところでしょうか。④ のチョモランマは世界最高峰のエヴェレストとして有名ですが、これはイギリス領時代のインド測量局長官ジョージ・エヴェレストに由来するいかにも植民地的な命名なので、昨今では地元のチベット語であるチョモランマ、または、ネパール語のサガルマータも知られるようになってきました。

問 58

Check! □

次のヨーロッパの10か国のうち、日本より面積が広い国(海外領土を除く)はどれですか。下から番号で選びなさい。

① ドイツ　② イギリス　③ フランス　④ イタリア　⑤ スペイン

⑥ スウェーデン　⑦ フィンランド　⑧ オランダ　⑨ ベルギー

⑩ デンマーク

解説

「日本は狭い国」というのが日本人の常識のようになっています。周辺にロシアや中国、太平洋の向こうにはアメリカ合衆国やカナダといった広大な面積をもつ国が目立つからかもしれませんが、客観的な数値として日本の約37.8万平方キロという面積は決して狭い方ではありません。世界に約200もある(数え方によって異なる)国の中で60位程度ですから、広い方から数えた方が早いのです。

さてここには欧州の10か国が並んでいますが、このうち日本より広いのは ③ フランス(約64.2万平方キロ。以下同様)、⑤ スペイン(約50.6万)、⑥ スウェーデン(約45.0万)の3か国だけ。① ドイツは東西統一して広くなりましたが、それでも約35.7万平方キロで日本より少し狭い程度、② イギリスは約24.3万で本州よりわずかに広い程度、④ イタリアは約30.1万、⑦ フィンランドも約33.8万と日本より少し狭い国です。⑧ オランダ(約3.7万)は離島を除いた九州とほぼ同じ、⑨ ベルギー(約3.1万)や ⑩ デンマーク(約4.3万)もその前後といった面積です。

さらに日本は細長い島国なので面積以上に領域の広がりが大きく、たとえば札幌〜那覇間の直線距離2250キロは、ポーランドのワルシャワからスペインのマドリードまでの距離に匹敵します。ですから世界広しといえど、流氷が来る海と珊瑚礁の海が同じ国内に存在しているのは、他にアメリカ合衆国しかありません(フランスなどの海外領土は除外)。

人口で見ると日本は欧州最大の人口をもつドイツの約8100万人よりはるかに多く、それどころか東京都(約1350万人)はポルトガルやベルギー、ギリシャより少し多いし、神奈川県(約910万人)はスウェーデンやハンガリーに迫る勢いです。大阪府(約880万人)はオーストリアより少し多く、埼玉県(約730万人)はスイス、セルビア、ブルガリア並みといった具合です。また3.7万人のリヒテンシュタイン公国の人口では、日本で市制施行の要件を満たしません。いずれも余計なお世話ですが。

正解 [問55] ③　[問56] ④

Column

地図読みがもっと楽しくなる5つの話

世界の地形図に表われるお国柄

地形図の記号はそれぞれ「お国柄」を反映している。そんな話題を拙著『地図の遊び方』で取り上げたのは22年前の平成6（1994）年のことでした。その後はインターネットが出現してあっという間に世の中が変わり、当然ながら地図界でもグーグルマップをはじめ、マピオンやヤフー! 地図など各種のネット地図を、今この瞬間にもおそらく億人単位の人が閲覧しているのでしょう。これらの地図は言語がユーザーによって異なることを除けば、世界中どこでも同じ図式に統一されつつある感さえありますが、グローバル化の最もわかりやすい表われかもしれません。

しかし、従来型の「語り口」で、たとえば植生や建物の記号にこだわっている紙の地形図は、利用者が激減したとはいえまだ健在です。たとえば日本の地形図には、最近になって明治以来の「桑畑」の記号が廃止されましたが、今も茶畑や税務署（世界的に見ても珍しい!）は健在で、イタリアの官製地形図にはオリーブ畑や柑橘《かんきつ》系の果樹園、糸杉、松などに細分化された植生記号があります。ドイツ南部の州の地形図も昨今は簡略化が進んだとはいえ、伝統的にホップ畑とブドウ畑は健在です。このようにグローバルスタンダードなどどこ吹く風で、伝統的な耕地や森の風景を図上に見せている所は少なくありません。

ネットの地図がグローバル市場のインフラとして「簡略を旨とすべし」の方へ進んでいくなら、紙の地形図はむしろ前世紀または前々世紀に戻り、「景色を見せる技」にさらに磨きをかける、というのもひとつの方向かもしれません。マニアの夢想でしょうけど。

フランス官製1:25000地形図の記号凡例。このシリーズは観光・スポーツ情報などが充実している。植生はおおむね緑色が用いられ、森林が針葉樹林・広葉樹林・ポプラ林、草地、果樹園、ブドウ畑、独立樹（目立つ木）などに分類されているが、記号の分け方や掲載の基準などは国によって異なっている。　1:25,000「シャトル Chartres」2014年版 Institut national de l'information géographique et forestière

応用問題

在りし日を雄弁に物語る旧版地形図　1:10,000「日本橋」大正10年修正

読図

問 59

Check!

次の地形図について下の問いに答えなさい。

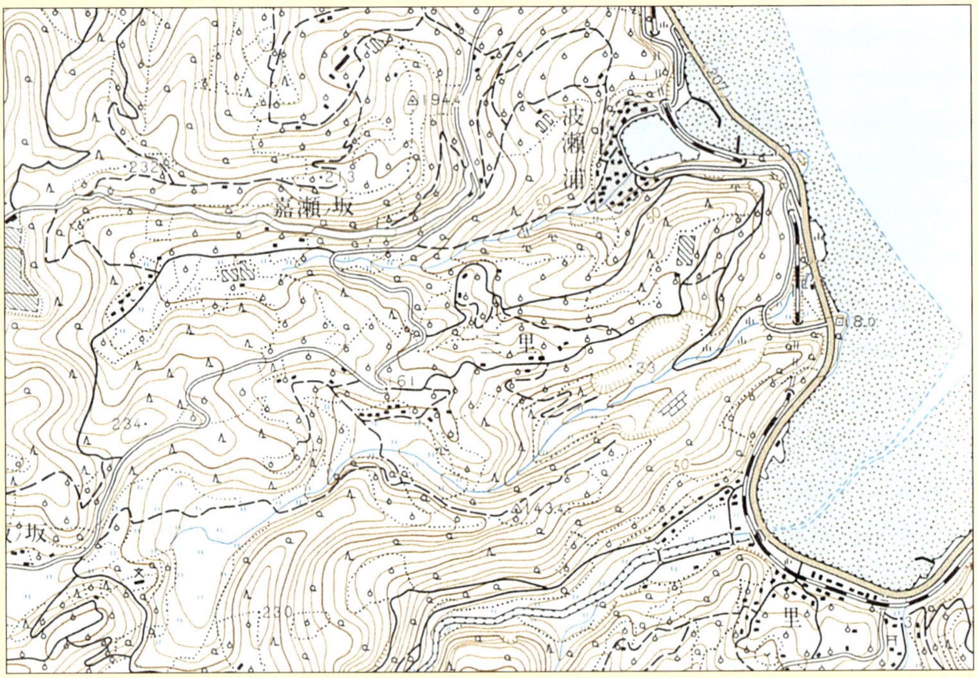

1:25,000「肥前大浦」平成11年部分修正 ×1.2

a）この地形図の説明として誤っているものを①～④から1つ選びなさい。

① この付近の海面は潮位の差が大きく、干潟が顕著に広がっている。

② この水面は湖で、水面下に砂地が広がっていることが表現されている。

③ 国道の水準点近くを流れる川の右岸に見えるの記号は採石場である。

④ 図の陸地の範囲内で最も大きな面積を占める耕作地は「果樹園」である。

b）「波瀬ノ浦」集落付近の風景について誤っている解説を選びなさい。

① 古くは湾であったが、鉄道が湾口を築堤で締め切って建設され、現在は池になっている。

② 旧道は波瀬ノ浦の集落を通っていたが、新しい国道は水面に橋を架けたルートになった。

③ 波瀬ノ浦は「樹木に囲まれた集落」で、すぐ目の前には水面を渡るJR線の鉄橋が見える。

④ 集落の中を流れる川には森の中を左岸側に徒歩道が続いており、少し登れば車道に出る。

解説

ここからの「応用問題」は、いかに地形図から風景を思い浮かべられるかが重要なテーマとなります。誰もがわかる部分から描写していきましょう。

まずこの地域は水面に面しています。どんな水面であるかは後で述べるとして、その海または湖の岸線に沿って国道(茶色いアミ)と単線の鉄道(JR線)が並走しています。内陸側は等高線が多く屈曲していますから、起伏の多い土地であることは間違いありません。その中を川幅の大きくない3本の川が西から東へ流れています。

この水面ですが、水色の部分には「砂目」状に茶色い点々が描いてありますが、これは「干《ひ》潟《がた》」の記号  。ですからa)① は正しい記述です。干潟の記号が適用されるのは潮の満ち引きが一定以上ある海と、その海に隣接して潮汐の影響が大きな一部の湖や河川だけですから、ここは海と考えるのが妥当ですので、答えは ② です。

干潟とは満潮時には水没し、干潮時には顕《あら》われる陸地(砂地や泥地)で、そのエリアは沖合の破線が描かれているところまでで(大潮の干潮時)、その東側は常時海面です。これだけの広さの干潟があるということは、潮の干満の差がかなり大きい、もしくは顕著な遠浅であることがわかります。0メートルの等高線を引くとすれば、これは平均海面ですから図に描かれた海岸線(満潮時のライン)と干潟のほぼ中間地点にあると考えるのが順当です。ただし地形図は本土エリア(北海道・本州・四国・九州およびそれに近接する島)であれば東京湾の平均海面が0メートルですので、現地の実際の平均海面が東京湾と一致するとは限りません。ここで言えることは、0メートルの等高線は海岸線と干潟の端の破線との「中間地点」付近である可能性が高い、ということだけです。

a)の選択肢 ③ ですが、「国道の水準点」とは海岸線のほぼ中間地点にある ⊡ の記号、問題文ではこの北側で海に注ぐ川の右岸（上流から下流を向いて右側）にある記号が「採石場」であるということで、これは正しい記述です。いかにも山の斜面を切り崩して石を切り取っているイメージがわかる優れた記号でしたが、残念ながら平成25年図式でこの記号は廃止されました。④は耕作地の中で最も大きな面積を占めているものが果樹園 であるかどうか。植生の記号の中でも針葉樹林・広葉樹林などは除外されますから、ここで候補になるのは果樹園か田の記号だけで、果樹園が最大であることは一目瞭然です。よってa）の問題は②が誤り。

b）の問題は波瀬ノ浦の集落の風景についてですが、選択肢①は鉄道が「湾口を築堤で締め切って建設され」ているとしていますが、この水面を横切っている記号は築堤ではなく「橋梁」なので、記述は誤りです。②の「旧道」は波瀬ノ浦の小さな湾に沿って走るもので、新国道は橋の記号で水面を跨いでいますから正しい記述。③は波瀬ノ浦の集落がグレーの網かけ表現なので、これは「樹木に囲まれた集落」で正しく、また目の前に水面を渡っているJR線の鉄橋が見えるというのも正しい記述です（記号からは「石橋」という可能性を否定できませんが「誤り」と判断はできません）。④の文章の通り集落を流れる川の左岸側に破線の「徒歩道」があり、それを少し登れば「1車線道」記号で描かれた道に出ますので正しい記述です。

c）96ページの地形図の掲載範囲の県を図名のみで判断する時、可能性のある県名を次から2つ選びなさい。

①福岡県　②佐賀県　③熊本県　④長崎県

---

d）96ページの図について、誤った説明を①～④から選びなさい。

①水面にある砂のような点々を区切る東端のラインは、標高0メートルを示すものである。

②国道番号の記された場所は橋梁で、その下を小船が通ることができる。

③図の中央下端から流れ下る川の両岸には護岸が作られている。

④図に見える鉄道は「単線のJR線」である。

解説

c)は「肥前大浦」という図名から県名を判断するものですが、肥前は佐賀県と長崎県ですから、これは②と④が正解です。図名に記された国名が必ずしも該当する県のみのエリアであるとは限りませんが、肥前国の場合は半島のように西へ突き出しており、東側に海(有明海)が見えているということは、図中に他県の入る余地はありません。図の南東の欄外には長崎本線の肥前大浦駅(昭和9年開業)があります。この大浦が図名に採用されました。

実は図の範囲内にも列車行き違いのための「里信号場」があるのですが(図の南東端近くの「里」という地名の付近。昭和44年設置)、何も示されていません。図式規定では「駅」の記号は臨時駅を含む旅客駅が想定されていて、信号場(「待避駅」と表現)もプラットホームのあるものについては旅客駅と同じ駅記号を用いる旨定められていますが、ホームのないものについては明確な規定がないためか、信号場の記載状況は現場に任されているようで、まちまちです。

d)の問題ですが、①は前述の通り砂のような点々は干潟で、その干潟記号の東端を区切っている破線は標高0メートルではなく、大潮の干潮時の海岸線ですから誤りです。②の国道が橋梁であるという記述は、たしかに橋梁の記号が用いられているので正しいことがわかります。ですから「その下を小船が通ることができる」という表現も正解です。

③の「中央下端から流れ下る川」は、図に描かれた3本の川の中で2本の線で囲まれた「二条河川」で表現されていますが、その2本の線の内側にはイボイボ―正確には直径0.3ミリの黒い半円が1ミリ間隔で設けられています。これは擁壁の記号ですから、「護岸が作られている」という表現は正しい記述です。ちなみにこの擁壁記号は道路に面した崖の崩壊を防ぐために設けられた擁壁、海岸に設けられたもの、そして防波堤などにも用いられますが、防波堤の場合は幅7.5メートル以上に適用されるもので、それより狭い場合は線幅0.3ミリの黒線で表現されます。

④の「単線のJR線」は正しい記述。複線以上の場合は通称「ハタザオ」というこの記号の白い部分を黒線(枕木方向)で二等分したもの　　　　です。

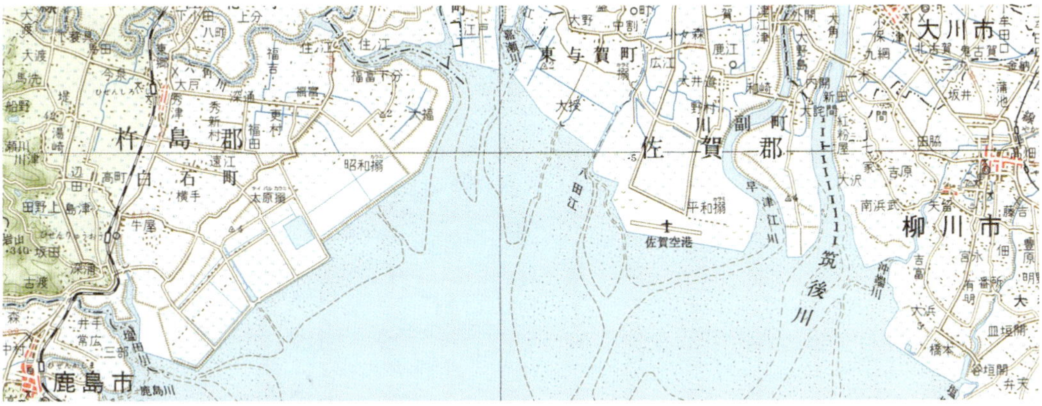

満潮と干潮の潮位差が国内で最も大きな有明海には、広大な干潟が広がっている。1:200,000「熊本」平成17年要部修正 ×0.9

正解 [問57] ②　[問58] ③、⑤、⑥

問 60

Check! □

次の写真は地形図上の❶～❹のどの地点（丸数字のそばの•点）から撮影したものでしょうか。撮影方向を考えながら番号で答えなさい。

解説

地形図をよく見て撮影地点を推理する問題です。選択肢を順に見ていきましょう。まず①ですが、ここから南を見れば線路は写真の通り川の右手に来ることは間違いありません。また線路に並行した道路が最も右側に来るのも合致しています。ただし川との間にある「環境センター」が建っているはずの土地が、写真から判断する限り余地がないことから、ここではありません。②から北を向けば線路と並行した道路の存在は一致しますが、川との間に見えるはずの建物（独立建物の記号）が写真にないこと、さらに線路と川の間に通っている国道（茶色い網かけ表示）がないこと、線路が左へカーブしているのはよいのですが、その線路と撮影地点の間にあるはずの家屋が見えませんので、この地点ではないことは明らかです。

次の③の場合は南を向いたアングルですが、こちらは線路の少し左側に川があるので写真と合致します。線路と並行する道路との関係、すぐ線路際まで迫った川の状態、川が大きく左へカーブしている様子、それに対岸の一定の広さをもつ平地の状況から見て、最も一致するのでこれが正解です。正面の山の手前に見える小さな市街地は相生駅周辺のものと考えられます。

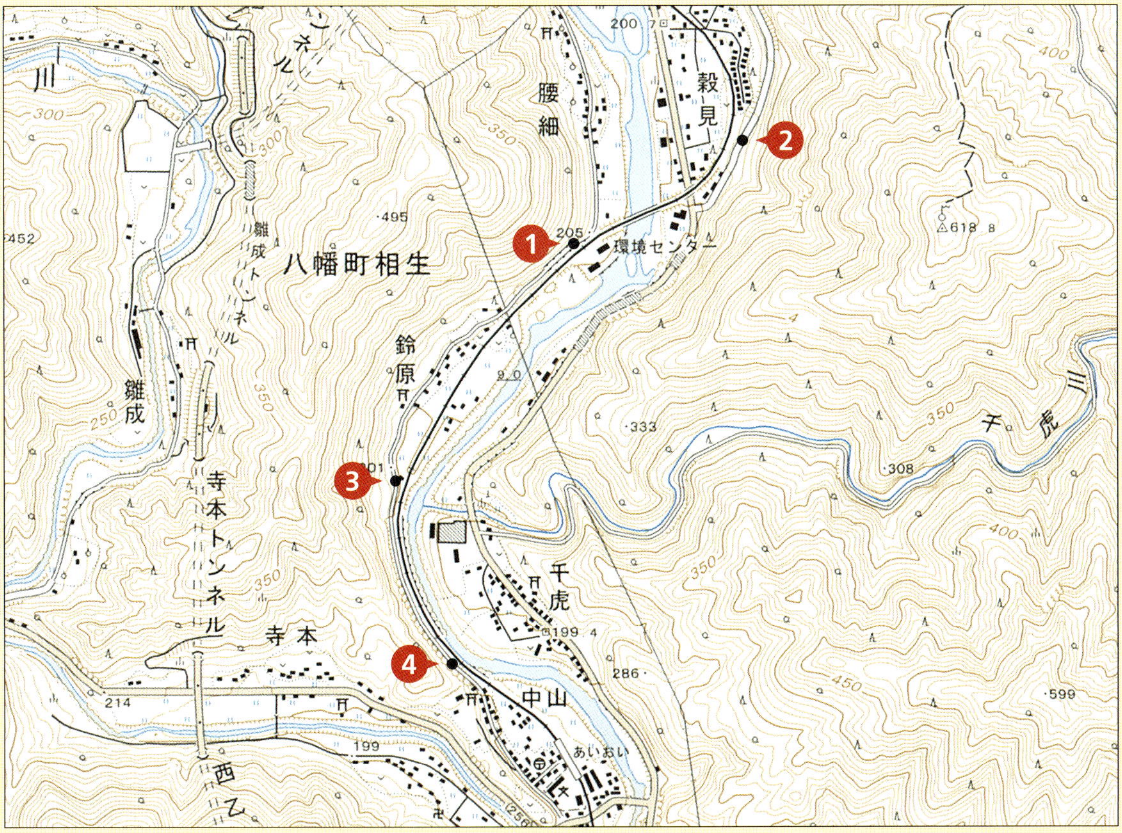

1:25,000「郡上八幡」平成17年更新　×1.2

写真の中央に写っている遠景の山は、地形図の掲載範囲から外れているので残念ながら手がかりにはなりません。④は線路と川が緩くカーブしていることは一致するものの、線路の前方右手に迫る山裾の説明がつきません。

この問題では地図が北を上にしているのに対して写真は南向きなので、なかなかやりにくい思いをされたかもしれませんが、実際の地形図で現在地を把握する場合には、自分が向いている方向に地図の向きを合わせてください。「方向音痴の人は地図を回さないとわからない」などと否定的に捉える人もありますが、そんな「迷信」に惑わされないでください。私も地図を回さないと現在地の把握が難しい1人です。

それにしても地図を回して何が悪いのでしょうか。逆さまにすると文字も記号も等高線も読めなくなる、という人には強制しませんが、そうでなければ、どしどし南や西、東、または斜め方向を上に向けてしまいましょう。オリエンテーリングの世界でも視点と地図の向きを合わせるのは基本です。それから地図の中では上・下・右・左と呼んではならない（東西南北でなければダメ！）という間違った常識を墨守《ぼくしゅ》している人が多数いるようですが、それも了見が狭いとしか言いようがありません。

正解　［問59］ a）② b）① c）②、④ d）①

問 61

Check! □

次の2つの地図は大正5年（1916）と昭和30年（1955）の同じ場所の地形図です。
これらを比較して、下の問に答えなさい。

a） 左図と右図について下線部が誤っているものはどれですか。

① 左図から右図の時代までに山手線は複線から複々線となり、輸送力が増強された。

② 左図の目黒駅の南東にある「上大崎」は大字《おおあざ》を意味し、東京市の外側の郡部であったことがわかる。上大崎の北東側に見える「鳥久保」は小字などの小地名である。

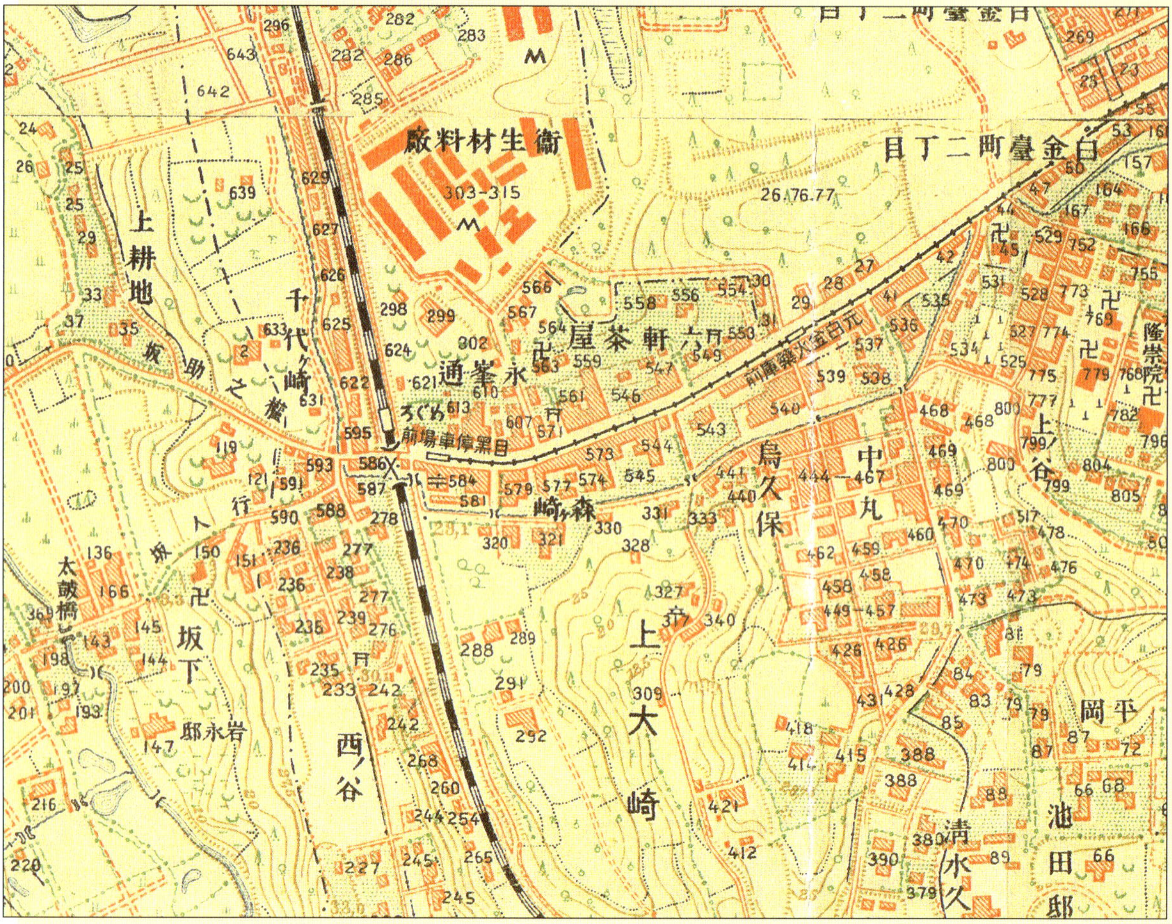

1:10,000「三田」大正5年修正+「品川」大正5年修正　×1.4

③ 山手線の西側に並行しているのは左図で大崎町と目黒村の境界であるが、それが下図では品川区と目黒区の境界に引き継がれた。この境界は地形的にほぼ尾根を通っている。

④ 目黒駅の西側には両図ともに権之助《ごんのすけ》坂と行人《ぎょうにん》坂が見える。下図では前者の拡幅が行われているが、両時代とも行人坂より権之助坂の方が勾配が急になっている。

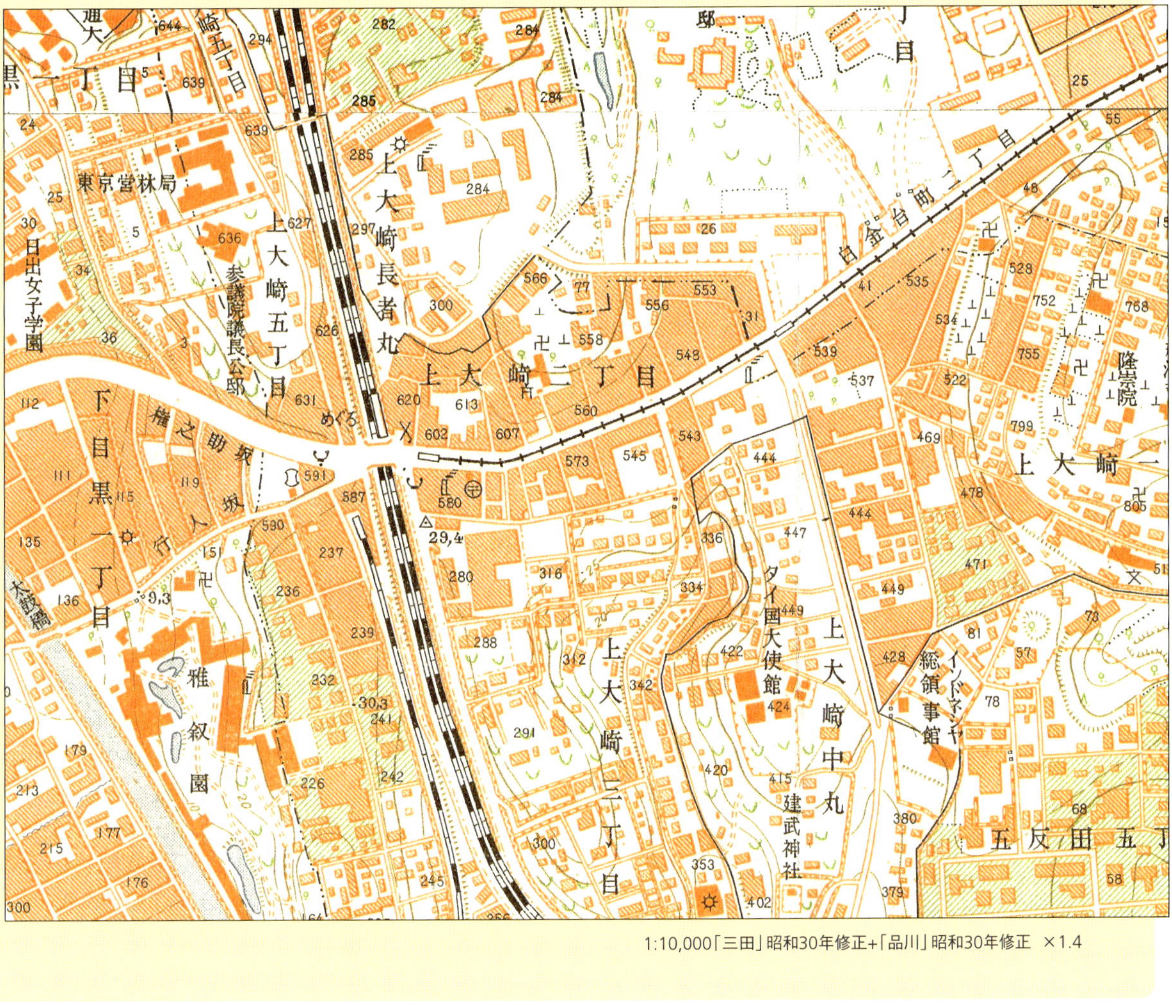

1:10,000「三田」昭和30年修正+「品川」昭和30年修正　×1.4

b) 左図の「上大崎」の「上」の字の右にある記号は何ですか。

① 水車小屋　② 工場　③ 灯籠《とうろう》　④ 上道標

---

c) 左図の北側中央の空地(現在は自然教育園)に何本か見える土塁は何を意味していますか。地形以外の情報(地名・施設名など)も併せて考慮し、次から選びなさい。

① 中世の城砦の痕跡　② 火薬庫の防護用土塁

③ 溜池の跡　④ 牧場の家畜を囲うための土塁

---

d) 左図の衛生材料廠の場所にある M の記号は何を意味していますか。

① 東京市の施設　② 操業停止中　③ 陸軍の所轄施設　④ 一般人立入禁止

解説

明治42年(1909)から旧東京市15区を中心に整備が行われた1:10,000地形図では、複雑な都市の構造と景観が可能な限り精緻に描写されました。何度かにわたって修正が繰り返された地形図は、今となっては実に貴重な都市のプロフィルとなっています。たとえば敷地を区切る構造物としては平成14年図式(1:25,000)で塀のみである(平成25年図式ではついに全廃)のに対して、ここに掲載した大正5年(1916)修正の図では煉瓦塀や板塀、鉄柵、埒《らち》、生籬《いけがき》など異なる記号を使い分けて、景観が非常に精緻に描写されています。それだけでなく、大邸宅では家屋の形状や庭園の池などに至るまで詳細に描かれ、さらに地番(抜粋)も記されているので、過去の地番を手がかりに地域を調査するにあたっても威力を発揮する貴重な地図となっています。

a)の問題は誤った記述を探すものですが、① の山手線が複線から複々線に増強されたというのはその通り。1:10,000の縮尺であれば複線の線路は十分縮尺通りに描くことができています。② の「上大崎」はこの文の通りで、ゴシック体(等線体)で字間を広くとって表記しているのがその特色です。これに対して明朝体の「鳥久保」は一段小さな字《じ》ですので、小字《こあざ》相当の地名に用いられました(大字上大崎字鳥久保)。③ 大崎町と目黒村の境界(後の品川区と目黒区の境界)が尾根を通っているかどうかは、等高線などを手がかりに見ていけば正しいことがわかります。④両図ともに描かれている目黒駅から西へ下る「権之助坂」と「行人坂」は、権之助坂が台地上から目黒川沿いの低地へ斜めに下っているのに対して、行人坂の方はまっすぐ下っています。等高線に垂直な角度が最も急斜面なので、この文は誤り。

b)の記号は①の水車小屋(水車房)です。残念ながら昭和30年図式で廃止されました。車が半分水に浸かった形をイメージしています。この記号が水に浸かっていなければ②の工場になりますが、明治13年(1880)から整備が始まった迅速測図ではこの工場の記号が水車を意味していました。水車というと江戸時代のイメージがあるかもしれませんが、東京府の水車の設置台数は明治後半から大正時代にかけてが最盛期でした。米や小麦などの製粉や撚糸(糸をより合わせる)、銅線の引き伸ばしなどに用いられましたが、電力が産業用動力として普及していくのに従って徐々に姿を消していきました。

③の灯籠は大きな神社仏閣や港などにあって目標物となる大きなものが対象でした。戦前の1:10,000地形図では、たとえば上野の寛永寺など大きな寺の参道に沿っていくつも描かれていて、境内の様子を伝えてくれます。④の道標も現在は使われていない記号ですが、街道などを歩く人にとっては良い目印になりました。

c)の土塁の正体を推理する問題。ヒントは東京市電(後の都電)の停留場名で、ズバリ「旧白金火薬庫前」という名が示されている通り、かつては火薬庫の防護用土塁でした。①中世の城砦の痕跡にしては不自然な形で、江戸のまん中にそんな土塁がいつまでも残っているかどうかは疑問。③の溜池を堰き止める土堤もこのような表現ですが、台地の上に置かれた土塁が四辺を取り囲んでいるのは不自然です。それほど労力をかけなくても、いくつもある谷間なら一辺だけ堰き止めれば済みますから。④家畜を囲うための土塁もありそうですが、それにしては狭すぎる区画で違和感があります。

d) M の印は③陸軍の所轄を意味するもので、他の記号と組み合わせて使います。たとえば病院+ M =陸軍病院、学校+ M =陸軍所管の学校(通信学校など)といった具合。これが海軍であれば M が重なった記号 MM という記号になっています。①「東京市の施設」は地形図の記号としては存在しません。

e) 右図の日出女子学園(現日出中学・高等学校)の敷地の左図での土地利用はどうなっていますか。

①水田　②畑　③果樹園　④荒地

f) 右の図で都電が通っているのは現在の目黒通りですが、この通りの南側に2か所置かれた記号  は何を意味していますか。その立地場所も考慮して次から選びなさい。

① 記念碑　② 銭湯の煙突　③ 火の見やぐら　④ 消防署の望楼

---

g) 左右の図の南西に見える川（目黒川）について説明した次の文のうち、誤っているものを選びなさい。

① かつては沖積地を流れていたが、都市化の進展とともに河川改修が進んだ。

② 上図の時点で「太鼓橋」は石橋であることが記号から読み取れるが、下図では架け替えられている。

③ 下図の「雅叙園」の最南端に見える池は目黒川の旧河道とほぼ一致している。

④ 目黒駅を跨いでいる細い流れは、2キロほど上流の目黒川から取水された用水路である。

---

h) 下図右下に見える「五反田五丁目」（現東五反田五丁目）について、等高線や土地利用の状況をよく見ると、いろいろなことがわかりますが、この地域について説明した次の文のうち、誤っているものを選びなさい。

① 元は岡山藩の下屋敷で、地形的に台地になっていることから、藩主池田氏の邸宅にちなんで「池田山」と呼ばれている。

② 五反田という地名が示す通り一帯はすべて目黒川の土砂が堆積した沖積地で、現在はそれが埋め立てられて住宅地となっている。

③ 緑色のハッチで覆われていることから、この五丁目一帯は木立の多い屋敷町であることを示している。

④ 五反田五丁目の北端に面した小学校の場所は、かつて「谷戸田」（谷間に開かれた水田）として使われていた。

解説

e)学校敷地の以前の土地利用ですが、左右の図を比較すれば一目瞭然で ① 水田です。現在の田んぼ記号は「田」だけですが、戦前の図式には乾田・水田・沼田の3種類がありました。陸軍の歩兵部隊がその中を通過できるかどうかの目安になったとされています。

f)目黒通りの南側に描かれた記号は、② 銭湯の煙突が正解です。記号そのものは「煙突」で、これが独立建物に付けられているなら工場の可能性も高いのですが、住宅地の真ん中の「総描家屋」の中に置かれていれば、この時代の地形図では銭湯です。① 記念碑は別の記号が定められていて、③ 火の見やぐらは高塔の記号、④ の消防署の望楼も、よほど高ければ高塔が使われる可能性も否定できませんが、そもそも消防署の記号がありますから、望楼に記号を与える余地はないでしょう。

g)目黒川についての誤った文章を探します。① はその通りです。左図では沖積地の土地利用の典型である水田で占められていましたが、人口急増で市街化が進み、河川改修の必要に迫られました。②「太鼓橋」が石橋であることは記号でわかります。当時の図式には石橋(コンクリート含む)、木橋、鉄橋などの区別がありました。③ は雅叙園の池の記述です。実際に旧河道を利用したかどうかわかりませんが、場所がほぼ一致しているので正しい記述。④ の目黒駅を跨ぐ細い流れが2キロほど上流の目黒川から取水されているとしているのは誤りです。取水できるということは、目黒川がここより5キロ上流で用水より高い位置を流れている必要があり、仮に河川勾配を2パーミル(玉川上水と同等)としても2キロ上流ではわずか4メートルしか高くないので、これはあり得ません。実際にはこの「三田用水」は6.5キロも上流の渋谷区笹塚付近の玉川上水から分水しています。

h)五反田五丁目の土地について。① 岡山藩主の池田氏にちなむ通称「池田山」は今も高級住宅地の代名詞で、マンションの名前にいくつも採用されています。② 五反田の地名の通り「沖積地であった」としていますが、地形図を見れば明瞭で、ここは台地に他なりません。この文章は地名に引きずられた誤った記述です。昨今では「この字が使われている地名は軟弱な地盤、危険な地名」などと人心を惑わす非科学的な言説が幅を利かせていますが、土地条件を地名だけで判断することはできません。③ 緑色のハッチは、3色刷の地形図(平成14年図式までの2万5千分の1など)におけるグレーの網(スミアミ)と同様ですから、これは正しい記述です。④ この第三日野小学校は、大正5年(1916)の左図では、見ての通り谷戸田でした。

問62

Check! □

次の写真に該当する地形図は下の❶～❹のどれですか。

❶

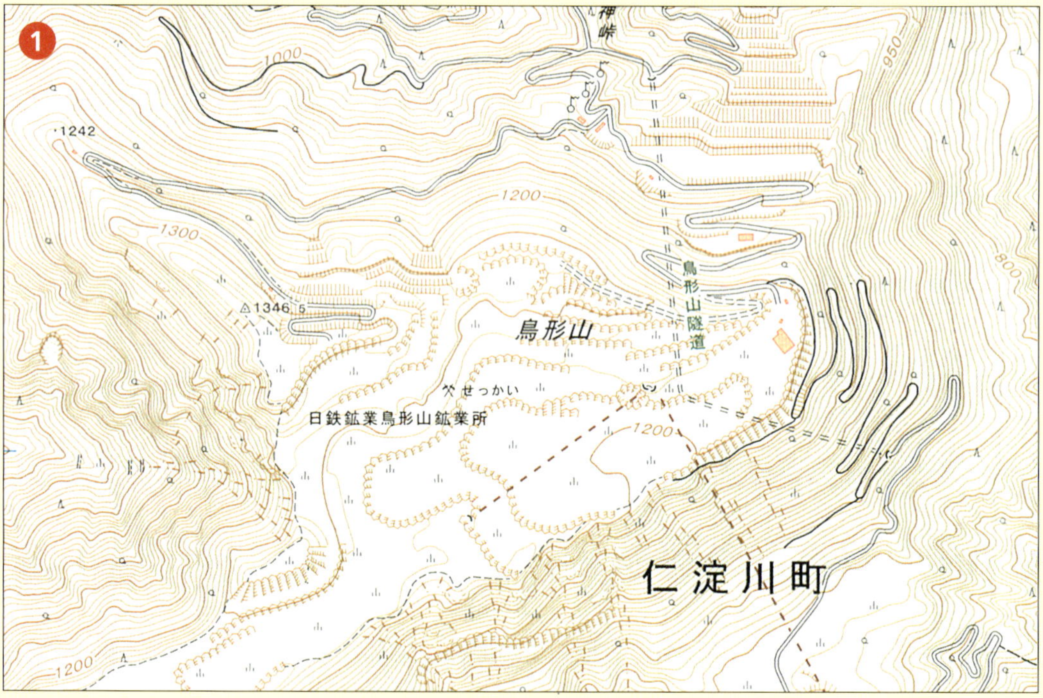

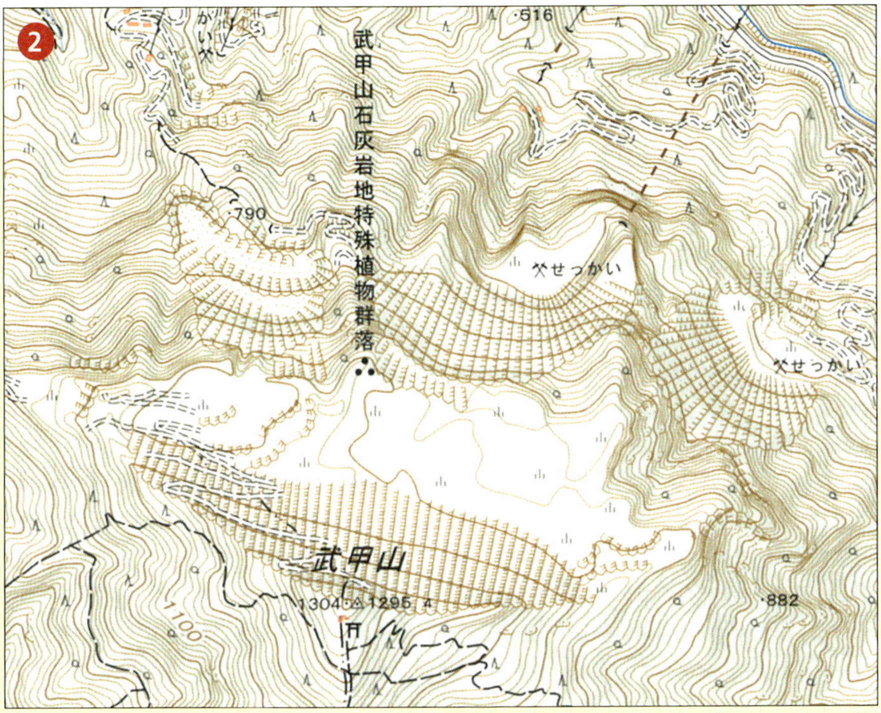

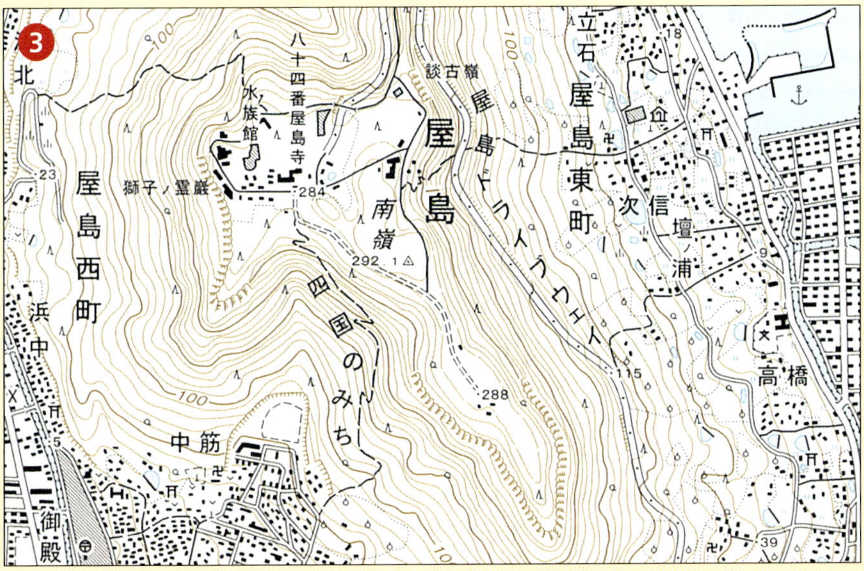

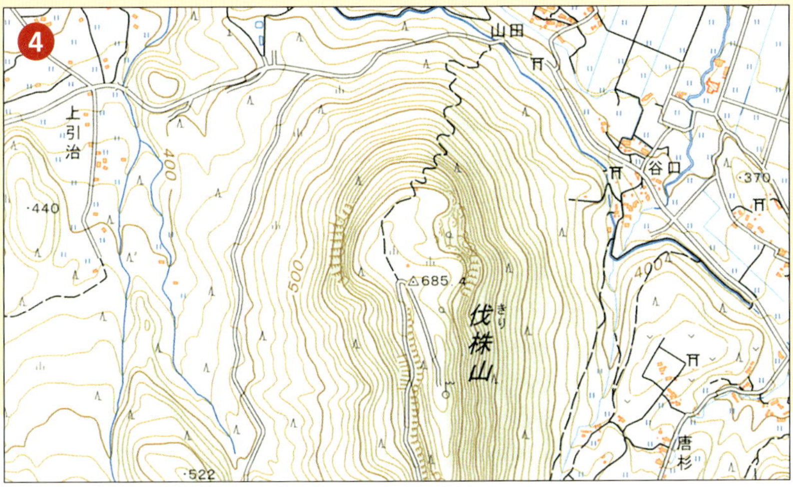

左　1:25,000「王在家」
平成27年調整　×1.3
右上　1:25,000「秩父」
平成27年調整　×1.4
右中　1:25,000「高松北部」
平成22年更新　×1.2
右下　1:25,000「豊後森」
平成26年調整　×1.2

解説

なかなか印象的な写真ですが、この山の向かい側の尾根から撮ったものです。右下に写っている木々はこちら側の尾根近くに生えているものですが、あちら側の山の平らなてっぺん周辺には木が生えている様子はなく、白く雪のように見えるものが急な斜面の一部を覆っています。

選択肢をひとつずつ見ていきましょう。まず①は「日鉄鉱業鳥形山鉱業所」とあり、鉱山記号の右には「せっかい」と平仮名で鉱種が記されています。日本の鉱山といえばかつては炭鉱が最も目立つ存在でしたが、高度成長期になってエネルギー革命のために石油へのシフトが進み、北海道と九州を中心に全国に分布していた炭鉱は次々と閉山になり、鉱山町も消滅したり、人口激減に見舞われている地域が少なくありません。

ところが石灰岩だけは国内で100パーセント自給できる数少ない鉱産資源で、今でも日本全国に多くの石灰鉱山が分布しています。中でも鳥形山《とりがたやま》鉱山は日本最大級の露天掘りの石灰鉱山として知られるようになりました。瀬戸内海側からも太平洋側からも遠く離れていたことがあり、日鉄鉱業が採掘を開始したのは昭和46年(1971)と遅いスタートでしたが、今では年間約1300万トンを採掘し、新日鐵住金、三菱マテリアルなどの製鉄所やセメント工場へ販売しています。

頂上付近では180トン積みの巨大なダンプカー(もちろん公道は走れない)が活躍しており、その鉱石の積み出しは23.2キロにも及ぶ長大なベルトコンベアで運ばれ、高知県須崎市の専用積み出し港から船積みされています。採掘開始から45年ほど経過していますが、当初1459.4メートルの標高があった鳥形山の頂上はとっくの昔に消滅して、現在では平らになった面の標高はおおむね1200～1250メートル程度にまで低くなっています。山体は標高約1000メートル前後より上は大半が石灰岩なので、これからもしばらくの間は掘り続けられることでしょう。

②の図はやはり石灰鉱山として有名な埼玉県秩父市と横瀬町にまたがる武甲山《ぶこうざん》です。かつての山頂は1336.1メートルでしたが、ここもやはり山頂付近の採掘によって現在では1304メートル(三角点の標石も移設されて1295.4メートル)となりました。現在テラス状になっている面は標高1000メートル前後で、ここも鳥形山と同様にベルトコンベアで北麓の三菱マテリアルのセメント工場(横瀬村)、東麓の日高市にある日本セメントの工場まで運ばれています。西麓には明治期からの石灰採掘場がありますが、こちらからは秩父鉄道から分岐している石灰専用線に貨車が入り、今は珍しくなった鉄道による石灰輸送が行われています。

武甲山。石灰鉱山のため頂上が削られている。　提供＝秩父市

これに対して③の山はテーブルマウンテン的な形をしていますが、人工的に削られたものではなく、メサという残丘の一種です。屋島といえば源平合戦で知られている香川県高松市の代表的観光地のひとつで、花崗岩《かこうがん》の上に硬い安山《あんざん》

岩《がん》が載っているために、下部に比べて上部の削られ方が少ないために頭でっかちなテーブルマウンテン状を成すに至りました。ちなみにメサmesaはスペイン語でテーブルを意味しています。

平らな山頂部分には、図にも見えるように四国八十八ヶ所のうち84番札所である屋島寺《やしまじ》(弘法大師を中興開山の祖と伝える)があります。

屋島。鳥形山とは異なり自然に削られた地形(メサ)。
提供＝香川県観光協会

蛇足ながら図の屋島の東麓、ドライブウェイの字の右側に「壇ノ浦」という地名が見えるのは本来「檀ノ浦」であるようで(地図の誤り? 地元には檀浦《だんのうら》幼稚園がある)、源平合戦で知られる「壇ノ浦の戦い」は関門海峡(下関市と北九州市門司区の間)が舞台です。

④ の図も、等高線の描かれ方を見れば同じくテーブルマウンテン状であることがわかりますが、ここも石灰鉱山ではなくて残丘。その名の通り、北側から眺めると切り株そっくりの形をしていますので、伐株山《きりかぶやま》の名は納得できます。③ の屋島はメサと説明しましたが、メサの中で特にてっぺんの面積が相対的に狭いものをビュートと呼びますので、ここはどちらかといえばビュートでしょう。具体的には比高(麓と頂上の標高差)よりてっぺんの面積が小さいものがビュートと解釈する向きもあるようですが、ことさらに区別する必要は感じません。

さて、どこの写真であるか特定してみましょう。まず ① とした場合、遠方に高い峰が残っているのがわかりますから、図で見れば北側の方が高くなっていることから、南側から撮ったと推定できます。そうであれば南側のテーブルのすぐ下の急斜面には「荒れ地」記号 ılı が目立つので、写真の白い雪のようなものは石灰岩の粉塵などが流れ落ちたものと推理できるでしょう。

② の武甲山もやはり石灰の採掘によって平坦化された部分を持っていますが、その平坦部と山頂(三角点のある付近)の比高が200メートルほどあり、その側面形が三角形に近いので、これは除外せざるを得ません。鳥形山よりはるかに登山者が多いので、景観的に配慮したのでしょうか。

③ の屋島ですが、図を見る限り麓からの比高は280メートル台であり、写真より規模が小さいことがわかります。また観光地ですから図に見られるように屋島寺をはじめ、いくつもの建物が並んでおり、荒涼たる平坦地が広がる写真とは明らかに違います。最後の ④ は地形的に納得できるとしても、山頂の平坦地の荒れ地が一部分にとどまっていて、針葉樹林が目立つこと、また急斜面の部分に荒れ地の記号がないことから、これも除外できます。よって正解は ① の鳥形山。

伐株山。名の通り切り株のような形。　提供＝玖珠町観光協会

正解　[問61] a) ④　b) ①　c) ②　d) ③　e) ①　f) ②　g) ④　h) ②

問63

Check! □

次の写真は右の地形図のどの位置から撮影したものですか。

解説

写真の撮影場所を特定する問題です。まず写真をよく見てチェックポイントを探しましょう。まずは画面のまん中を川が流れています。遠くにはランガーアーチのような橋が見えますが、これもヒントになりそうです。手前には電線が目立ちますが、戦前と違ってこのような「普通電線」は地形図に表示されません。それから集落の一部と思われる屋根が見えます。もうひとつ特徴的なのが、川の左側(写真からは右岸・左岸の区別は判然としません)には古びた落石覆いが見えます。この下を道路が通っているのでしょう。遠方には雪を戴いた山も見えますが、右ページの範囲に掲載されているとは思えません。左手前には比較的近い急峻な斜面と尖った頂をもつ山が見えます。

これらの特徴をふまえて地形図中にある選択肢を検討してみましょう。まず①ですが、ここから南を望めばまん中に川が捉えられます。遠方の橋は姫川橋でしょうか。ところがこのアングルだと、橋の手前に「姫川第三ダム」が見えるはずなのに写真にはありません。これは決定的で、①ではありません。

②はどうでしょう。白岩という集落の北の外れの、まん中の川の支流に架かる橋の付近から

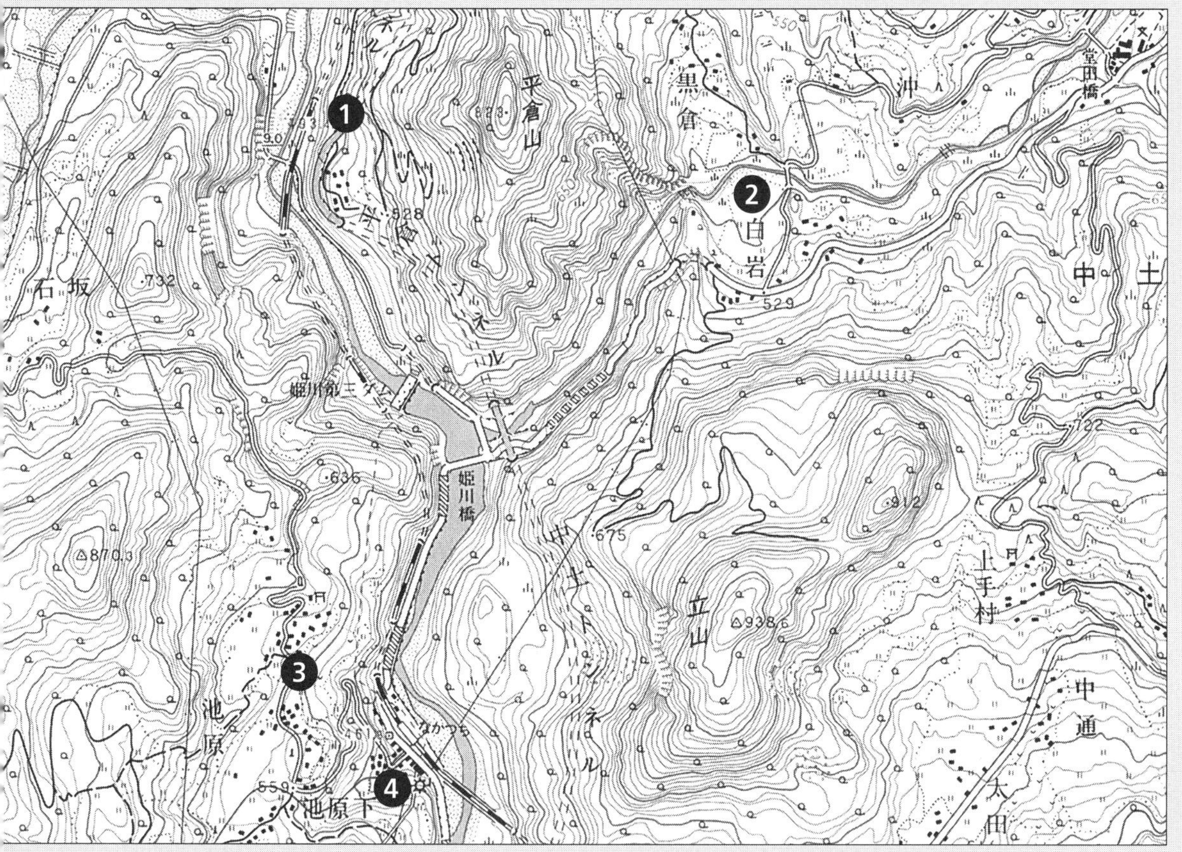

1:25,000「雨中」平成12年修正　×1.2

撮影したという想定です。ここから東か西を向いて撮影すれば川をまん中に配したアングルにはなりますが、川の左右に迫る急斜面がこの地点にはありませんので除外するしかありません。落石覆い　　は本流に合流する手前にありますが、ちょっと離れすぎていてこの写真に写ることはないでしょう。写真の手前に見える家の関係からも無理があります。

③ はかなり高い位置からの撮影になりますが、南東を向いて望遠レンズで撮影した想定でしょうか。手前に家並みがあるのは正解ですが、左側に落石覆いという配置にはなりませんし、こちら向きで撮ったとすればJR線の鉄橋（右手前から左奥にかけて）が見えないはずはないので、これも除外です。

④ は中土《なかつち》駅のすぐ西側の、駅を俯瞰するような場所からですが、少々の家並みはあり、かつ川の左側に落石覆いの記号もあります。遠くに見える姫川橋はこの通りで、その向こうに見える白っぽい構造物はバイパスの橋と考えられ、地形図と一致します。さらに写真の左上に見える「とんがり山」は図の平倉山《ひらくらやま》と位置・形状ともに一致するので、この ④ が撮影地点と断定することができます。

問 64

Check! □

下の写真は海上から陸地を撮影したものです。A・Bに写っている区域は右の図上のどこですか。❶～❹から選びなさい。

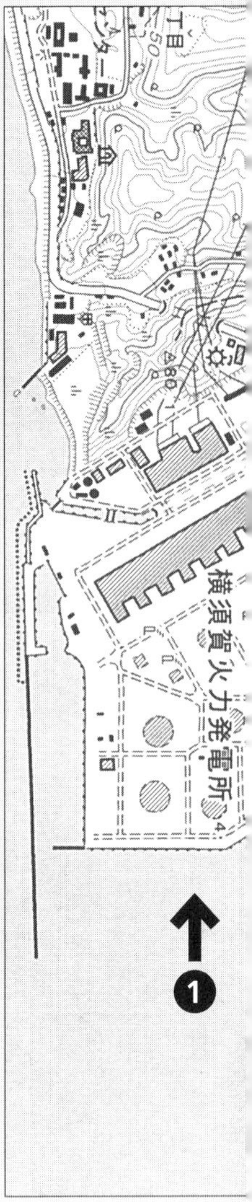

1:25,000「浦賀」平成22年更新 ×1.25

解説

船の上で眺めるものといえば海図が定番ではありますが、陸地の描写はやはり地形図の方が詳しいので、入港の際など地形図を手に陸地を観察するのも一興です。AとBの写真は東京湾フェリー久里浜～金谷航路（神奈川県横須賀市～千葉県富津市）の船が久里浜港へ入る少し前に撮影したものですが、その写真を検討する前に、地形図に示された①～④の風景を想像してみましょう。

①は横須賀火力発電所を真正面に見るアングルで、この発電所のある埋立地に印象的な丸い形の無壁舎（温室・畜舎・タンク等）は、火力発電所で使う燃料の入った石油タンク。煙突の記号が南側に2つ隣接、北側に1つ描かれています。その背後には元からの地形である山が見えますが、その急峻さが等高線から読み取れます。山上の三角点の標高は80.1メートル。②

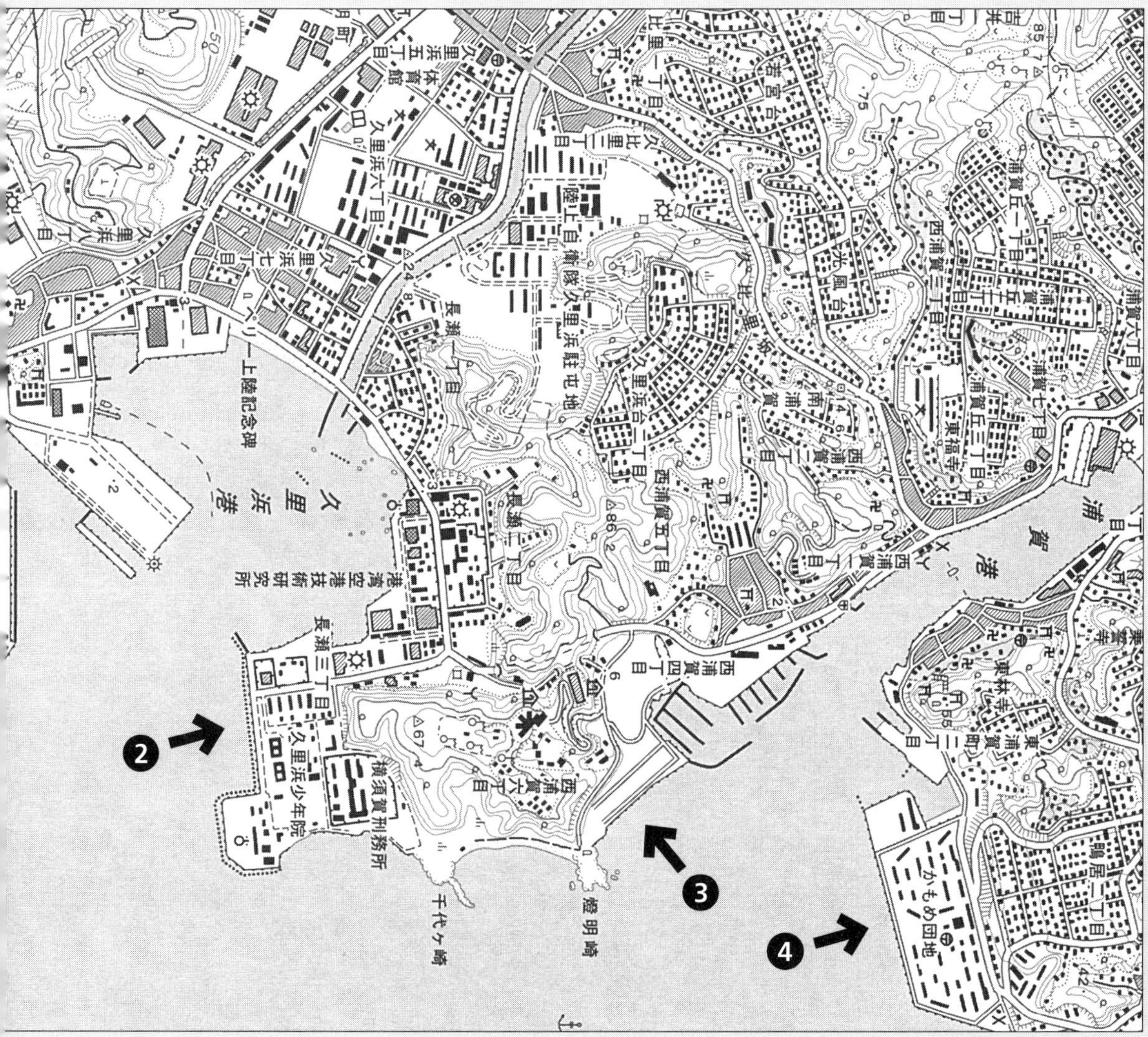

は正面が久里浜少年院で、黒い輪郭線で描かれた独立建物（小）が並んでいますが、その階数はわかりません。この埋立地もやはり背後には標高67.4メートルの三角点のある山。③ は海辺に建物は描かれていませんが、その背後は少年院の背後と同じ山を北東から見たアングルです。④ は同じように埋立地に「かもめ団地」という集合住宅が並んでいて、その背後は山地を整地した鴨居二丁目の戸建ての分譲住宅。

ここで写真に戻りますと、Aの写真には煙突状のものが手前に3本見え、石油タンクも見えますので、これは ① の他に選択の余地はありません。Bは団地のような建物が並び、その向こうには斜面に戸建ての住宅地が見えますので、これも該当するものは ④ だけです。

読図

問65

Check! □

次の写真は下の地形図に描かれた吉野川の支流・曽《そ》江《え》谷《たに》川《がわ》ですが、図について説明した次の文のうち誤っているものを選びなさい。

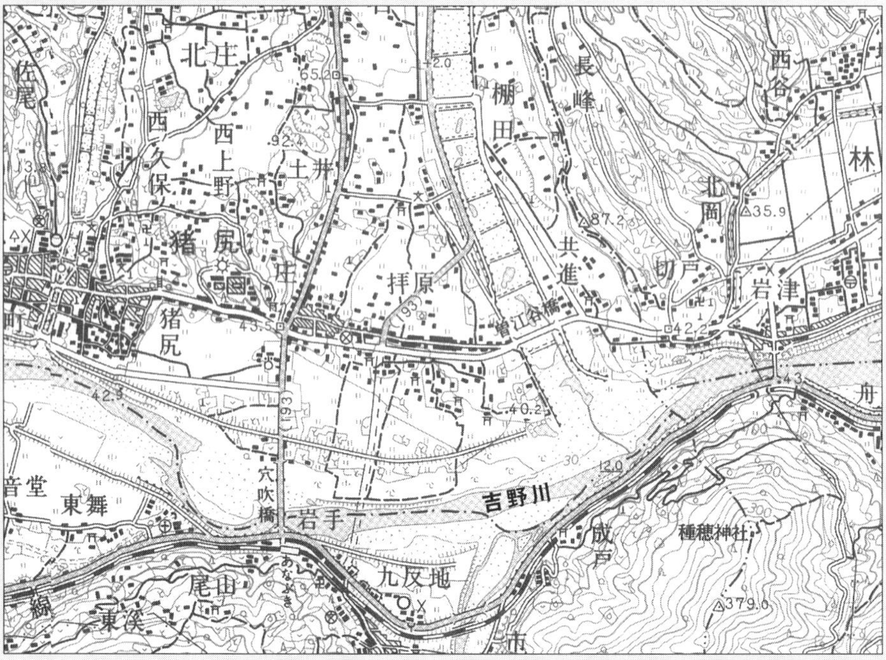

1:50,000「脇町」昭和63年部分修正 ×1.2

① **曽江谷川を図上10か所にわたって横切っている記号は堰堤《えんてい》である。**

② **左岸側にある「棚田」という地名の近くには、その名にふさわしく土の崖がある。**

③ **曽江谷川は扇状地を形成しているため砂礫層が厚く、流水の多くが伏流しているため、平時は水が表面を流れていないことがある。**

④ **吉野川の本流に架かる穴吹橋の東側（岩手の地名の右側）に並行している線は、かつてここに架けられていた橋が撤去されたことを意味している。**

解説

写真の川は吉野川の支流・曽江谷川です。図の中ではこれに該当する川は1本しかありません。川の名前は掲載範囲に記されていませんが、曽江谷橋という橋の名で特定できます。問題は誤った記述を選ぶものですが、ひとつずつ検討していきましょう。

① 曽江谷川を図上で「10か所にわたって横切っている記号」が堰堤であるかどうかですが、短い間隔で多数横切っている記号 ==== は堰堤（図式規定では「せき」）ですので、正しい記述です。ダムと違って原則として流水がその上を通り過ぎるものが多く、下流側が実線、上流側（水の中というイメージ）を破線で示しています。ついでながら滝の記号 ∵ は、川に直交する実線の傍らに点が打ってありますが、そちらが下流側です。点を「飛沫」とイメージすれば理解しやすいでしょう。

② 「棚田」の地名の近くには等高線が密な場所、それに「土がけ」の記号もありますので記述は問題ありません。全国を見渡せば、川が削り取った崖地にはこの他にハバ（幅・羽場など）、ママ（真間、万々など）などの地名も目立ちます。③ の「曽江谷川は扇状地を形成しているため……」は正しい記述です。写真で一目瞭然ですが、少し向こう側に水面が見えながら、手前に流れていないのは平時に伏流しているためであり、これは扇状地を流れる河川の特徴です。

④ の穴吹橋の東側に並行している線は一方が実線、もう一方が破線ですが、これは「建設中の道路」ですから、かつて架けられた橋が撤去されたという表現は誤りです。実際にはこの建設中の道路のルート上に新しい穴吹橋が平成2年（1990）に竣工し、この図に載っている昭和3年（1928）架設の旧穴吹橋（図の橋）は平成4年に撤去されました。しかし長年親しまれたゲルバートラスの美しい橋をしのび、そのトラスの一部が吉野川の右岸（ここでは南側）に保存されています。したがってここでは ④ の記述が誤りです。

正解 ［問64］ A ① B ④

読図

問 66

Check! □

次の地図について下記の問いに答えなさい。

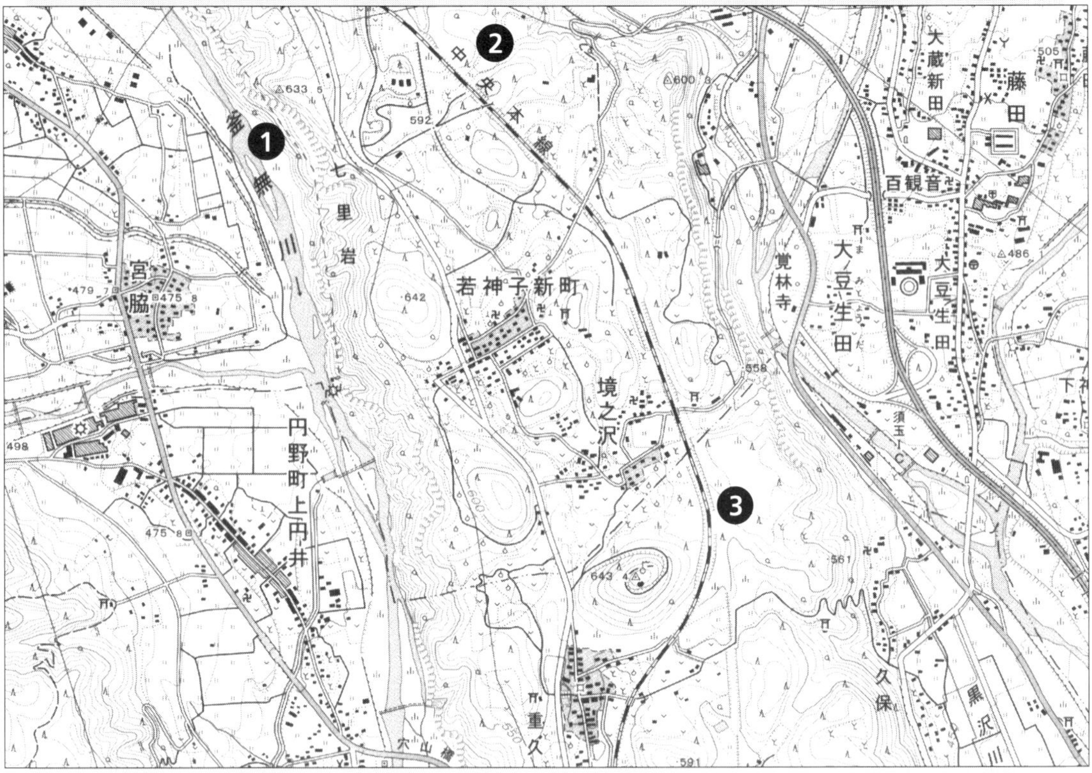

1:25,000「若神子」平成17年更新 ×0.95

a）❶で釜無川の堤防が切れている理由としてふさわしいものを選びなさい。

① 最近の豪雨によって堤防が決壊し、まだ復旧が行われていないため。

② 古くからの霞堤《かすみてい》（信玄堤《しんげんづつみ》）で、意図的に途切れさせることにより少しずつ水を溢れさせ、致命的な被害を防ぐ工夫。

③ これまで川が氾濫しても集落に被害がなかったため、長らく堤防のない地域であったが、最近になって少しずつ堤防を建設している途上にあるため。

④ 上流部に巨大なダムが完成し、この部分の堤防の必要性がなくなったため、かつての堤防が無用の長物として残っている。

b）❷ の中央本線が周囲の川よりはるかに高いところを通っている理由として正しいものを選びなさい。

① 当初は釜無川沿いに線路を敷設する予定であったが、甲州街道沿いの宿場の反対運動によって高い山林を走ることになった。

② 釜無川や塩川の洪水から線路を守るために、高いところを選んで通過させた。

③ 八ヶ岳連峰や鳳凰三山などの見事な山岳眺望を得られるように線路が設計された。

④ この先、諏訪地方へ向かう線路が標高の高い八ヶ岳山麓を通過する際、線路の勾配が制限値を超えないよう、あらかじめ手前のこの区間からなるべく高い所を通ることにした。

解説

1:25,000地形図（平成14年図式）の読図問題です。

a)は釜無川の堤防が切れている理由を問うものですが、① は「最近の豪雨によって堤防が決壊し、まだ復旧が行われていないため」とのことですが、もしここが豪雨によって切れた堤防とすれば、上流側と下流側の堤防が一直線上になく、ずれている説明がつきません。

② 古くからの霞堤（信玄堤）に言及しているので、これが正解です。日本の国土は急峻な地形に加えて温帯モンスーン気候であるため降水量が多く、洪水時に平水時の何倍、何十倍もの多量の水が急流として流れ下るため、近代以前にこれを封じ込めるだけの頑丈な堤防を作るのは不可能で、このため意図的に切れ切れの堤防を作りました。その堤防の多くは切れた部分で一部を重複させてあり（上流側から見ると「ハ」の字の連続に見える）、溢れた水が一気に堤防の外側の集落や耕地を襲わない工夫です。甲府盆地を流れる富士川水系の各河川は特に河川勾配が急なので、各所でこの信玄堤が設けられました。他の地域でもこの形の堤防を採用した所は多数に及びます。

③ 釜無川ほどの河川にこれまで堤防が建設されなかったとは考えられません。北海道の過疎地で、川の両岸に集落のない地域ではまだしも、図にもかなりの集落が描かれており、この記述は明らかに誤りです。④ の「上流部に巨大なダムが完成し」たとしても、堤防の必要性がなくなるはずもなく、したがってかつての堤防の残骸が無用の長物として残ることもありません。もっとも、それほど立派なダムなら堤防の負荷は減るでしょうけれど、あえて予算を投入して堤防を破

壊することはないでしょう。

b)の中央本線のルートが高いところを通っている理由についての問題。①の宿場の反対運動によって線路が村はずれを通ることになったという、いわゆる「鉄道忌避伝説」は各地で耳にすることですが、実際にはその事実がなかったにもかかわらず、村の近くに駅がなく不便な思いをしたことから、後付けで「伝説」が捏造されることがよくあります。反対が事実と仮定しても、そのためだけに100メートル以上も高い場所に線路を敷くことはまずあり得ません。②の川の洪水から線路を守るため、という理由はありそうに思えますが、やはりそのために100メートル以上も高い所に線路を敷いたとするには無理があります。③は「山岳眺望のため」という粋な理由ですが、明治30年代に建設された中央本線にこの発想はおそらく微塵もなかったと思われます。もっとも高い所をくねくね曲がりながら走るために八ヶ岳や鳳凰三山などがいろいろな角度で楽しめる車窓区間にはなりました。④中央本線は甲府盆地から諏訪盆地へ向かっていますが、その間に富士見駅(標高955メートル)を頂点とする高原を越えなければなりません。しかし蒸気機関車を想定した線路は、基本的に25パーミル(40分の1勾配)を超えない設計が必要となります。もしこのあたりで釜無川沿いの甲州街道沿いなど走っていたとすれば、富士見高原までの間に蒸気機関車が登れない急登を余儀なくされてしまうため、このくらい手前から懸命に登っているのです。これが正解。

C) 図の西方に見える宮脇集落の中にある475.8の左側にある記号 ⊡ について、正しく説明した文章を選びなさい。

① この記号は地方自治体による測量の基準点を意味しており、公共測量のために重要な役割を果たしている。数字は標高である。

② この記号は標高点の記号であるが、道路上にはなく、民有地と思われる土地に置かれているので、読図上の目安のために表記しており、現地に標石はない。

③ この記号は水準点を意味しており、土地の高さを測量するための基準点である。現地には標石がある。明治期から主要道路沿いに設置されるので、この道は旧道と推察される。

④ この記号は三角点(三等または四等)の記号。この記号は三角形とは限らず、実際の標石もこの形のように四角柱の形状である。

d）「釜無川」の注記の右側にある「七里岩」の左に描かれた破線とその南端に位置する記号  について、正しく説明しているものを選びなさい。

① 破線は登山道に相当する1.5メートル未満の道路で、急斜面の中腹をたどる森の中の小道となっている。その南側にある記号は変電所で、この道路とは直接的な関係はないが、変電所の巡視路として使われることもある。

② 破線はトンネルを意味しており、この場合は高規格道路である。破線の南端に出口の記号が描かれていない理由は、建設中のためである。南端の記号はその坑口（トンネルの出入口）の工事事務所を意味している。

③ 破線は地下水路を意味している。上流部で取水した水を緩勾配で破線の南端まで導き、記号のあるところで一気に落とし、発電所のタービンを回す。すなわちこの記号の場所には水力発電所が存在する。

④ 破線は釜無川の「高水敷」（洪水の際には水に浸かるエリア）の境界線で、洪水の際にはこれより西側が水に浸かることが想定されている。南端の記号は発電所。

---

e）❸の少し南西側には643.4の数字が付された記号 △ 、その右上には別の記号 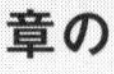 があるが、これらについて説明した次の文章のうち、誤っているものを選びなさい。

① 643.4の数字が付された記号は三角点で、この小山のピークに位置している。

② 右上の記号は電波塔で、小山の頂上が周囲に比べて電波が届きやすいことから設置されたと考えられる。

③ 麓からこの記号のある地点まで通じている道は林道レベルの狭い道であるが、急な登り坂を避けるために螺旋状になっている。

④ この道路山側に沿って の記号が続いているが、これはコンクリートなどで固めた「擁壁」を意味している。

解説

c)宮脇集落の475.8の左側の記号について。これは高さを測る際の基準点として設置される水準点の記号で、国土地理院がこの位置(道路の西側)に標石を設置しました。①の地方自治体による測量の基準点は1:25,000地形図には記載されません。②標石のない標高点は「・」に小数点のない数字が記されています。③は正解です。④三角点の記号は △ で、実際の標石は花崗岩の四角柱ですが、三角測量を行う基準点ということから三角形の記号にしたのでしょう。世界的に見てもこの記号を用いる国は多いようです。

d)の破線は何を意味しているか。①の「登山道」説ですが、これは図の左下に破線の道が見えますが、こちらが本物の1.5メートル未満の「徒歩道」で、これとは明らかに線の種類が異なります(問題の破線の方が途切れた白部が長い)。②の「トンネル説」ですが、これは明白に誤り。高規格道路であればトンネルの破線は二重になっているはずで、この破線がトンネルとすれば、該当するのは徒歩道か軽車道(1.5 ～ 3メートル)しかありません。また破線の南端にある記号は発電所(または変電所)なので違います。

③の「地下水路説」は正しい記述です。「記号のあるところで一気に落と」す場所は、短くて判読が難しいですが圧力鉄管が描かれ、その下にある発電所まで水を落としてタービンを回します。④の「高水敷」説ですが、現在の地形図にそのような表記はありません(明治期の図式には高水敷を表わす記号もありましたが後に廃止)。

e)は643.4の数字のある小山についての説明です。この数字が記された記号は三角点で、その右上に隣接して電波塔の記号。この山には山頂に向かって螺旋状に登る軽車道がつけられており、山側には「土がけ」の記号があることから、山肌を削って造成された道であることがわかります。

①の記述は前述の通り正しいもので、②も電波塔の記号、それが電波が届きやすい場所に設置されたことなども妥当な記述です。③の「軽車道」記号で描かれた林道的な道は急勾配を避けるために螺旋状に付けられたとするのも正しい。④はこの道に付いている「土がけ」記号(実際には茶色で印刷されている)について記述していますが、コンクリートなどで固めた「擁壁」には別の記号がありますのでこれは誤り。擁壁の記号については問10の解説を参照してください。この図の記号から読み取る限り、山肌を削っただけの状態と解釈できます。

正解 [問65] ④

問 67

Check! □

次の図を読み取った下記の文章のうち、誤っているものを選びなさい。

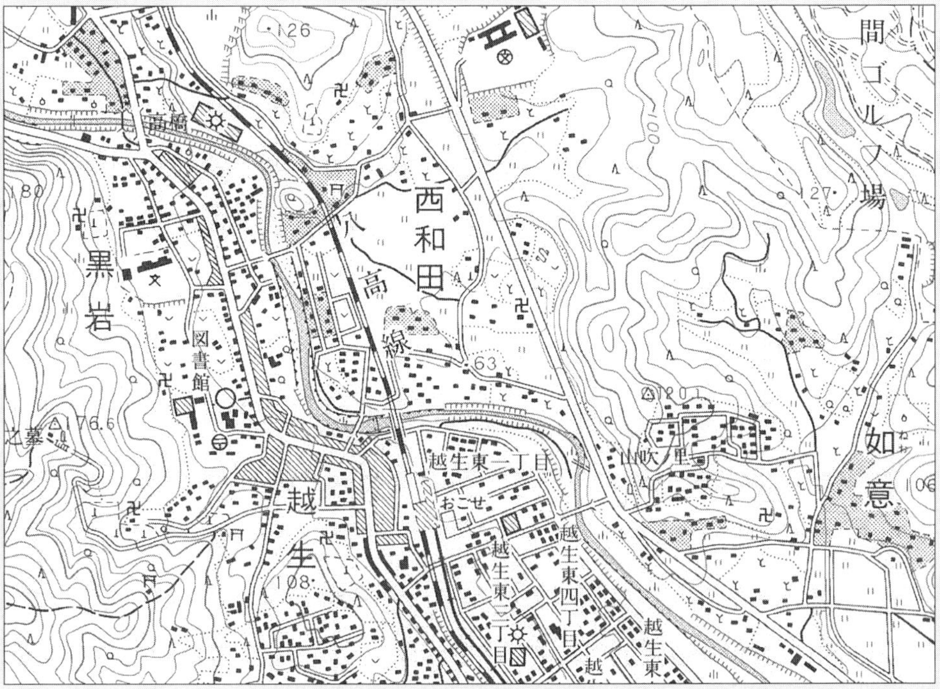

1:25,000「越生」平成11年修正 ×1.4

① 中央を流れる川は北西から南東に向かって流れている。

② この図の掲載範囲内で最も高い地点の標高は215メートルほどである。

③ 越生《おごせ》駅の東側に見えるロータリーは新興住宅地の増加に伴って新たに設置された。

④ 越生の旧市街を通る街道は、図の南端付近では線路より低いところを通っている。

解説

これも読図問題です。埼玉県西部の山沿いにある越生《おごせ》の町とその周辺ですが、①～④の文章の真偽をそれぞれ検討していきましょう。まず①の中央を流れる川の流水方向ですが、これを判断するためには河川にかかっている等高線の高さを2地点で比較すればよいので難しくはありません。とはいえ平地には等高線が少ないので探すのはひと苦労ですが、図の左上に見える「高橋」の右の工場の対岸から内陸へ向かう等高線をたどれば町役場にたどり着きます。役場の西は斜面で等高線が読みやすいので、この線は70メートル。下流側は等高線を追うまでもなく、越生駅の北東、川の北側に記された崖上の63メートルの標高点から判断して、このあたりの川は60メートル前後であることは自明(60メートルの等高線は崖記号の中に隠れています)。ゆえに北西から南東に向けて流れていることがわかります。等高線を読むまでもなく慣れれば流水方向はだいたい判断できますが、平地部などでわかりにくい場合には図上に流水方向が→という記号で示されていることもあります。

②は掲載範囲の中で最高地点がどこかという問題ですが、図の全体をざっと見渡して高いところ、このような地形なら等高線が積み重なった部分をよく見ると、左端が高そうです。176.6メートルの三角点(切れている字は「無名戦士之墓」です)のあるピークより高い部分がさらに南側にありますが、三角点の下の計曲線が150メートルですから、これを頼りにしましょう。線をたどっていけば登山道と交差する位置に神社があります。この登山道を西へ登っていけばさらに上の計曲線(200メートル)にたどり着き、そのさらに上210メートルの主曲線の少し上がこの図の範囲では最も高い場所なので、問題文の「215メートルほど」は正しい記述ということになります。図の東側には150メートルの計曲線さえ現われないので、最高地点はここで間違いありません。

③は越生駅の東側のロータリー(平仮名駅名「お」の直下)が新興住宅地の増加に伴って設けられたのかどうか。駅舎は伝統的に旧市街の側に設けられるのがふつうで(1番線も北海道以外では原則として駅舎側に設けられる)、反対側は貨物ホームやヤードというのが通常のスタイルでした。線路の上に駅舎のある「橋上駅」は最近のスタイルです。

越生の旧市街は図で明らかなように西側にありますので、東側が新たに開発された地区であることは間違いありません。歴史的経緯がわからないと厳密に「正しい」とは言えませんが、集落の形状から見れば東側が古いことはあり得ませんので、これはマル。④は図の南端付近で街道が線路より低い所を通っているかどうかですが、線路の左側には「切り土」または「土がけ」の表現で線路が下を通っていることを示していますから、この文は誤りです。実際にネットの「地理院地図」で両者の標高を測ってみましたら、線路上が68メートル、街道は72メートルでした。

正解 [問66] a) ② b) ④ c) ③ d) ③ e) ④

判定

正解数	ランク	著者よりひとこと
91～100問	地図博士	脱帽です。 これからは独自の地図世界を 開拓してください。
61～90問	地図上級者	相当な読図力をお持ちです。 さらに広い地図の世界を 追求してください。
31～60問	地図中級者	もう一歩、地図に近づけば、 きっと楽しくなります。
0～30問	地図入門者	習うより慣れろです。 まずは気軽に地図に 親しんでください。

M E M O

MEMO

おわりに

『地図読み練習帳100問』、いかがでしたか。今昔の「未知の風景」を思い浮かべるための技能の奥の深さを感じていただけましたか。それでも1世紀以上をかけて洗練の度を加えてきた地形図の表現ですから、個々の細かい事例はともかく、コツさえ覚えれば、かなり自然に頭に入ってくるようになるでしょう。ひいき目かもしれませんが。これを機に地形図の世界により親しんでいただければ嬉しい限りです。

さて、地図と地理分野の全般に関わる「地図地理検定」が日本地図センターと国土地理協会の主催で年に2回行われています。縁あって現在では私が検定委員長をつとめていますが、本書よりかなり広い分野にわたって出題されるこの検定は、おかげさまですでに25回を数えました。第26回検定は平成28年(2016) 11月13日(日)に実施されるので、本書を読んでからでは間に合わないかもしれませんが、その場合は次回以降に挑戦していただければ幸いです。

連絡先:日本地図センター文化事業部 03-3485-5417

今尾恵介の
地図読み練習帳 100問

2016年11月9日 初版第1刷発行

著者 今尾恵介
発行者 西田裕一
発行所 株式会社 平凡社
〒101-0051 東京都千代田区神田神保町3-29
電話 03-3230-6584(編集) 03-3230-6573(営業)
振替 00180-0-29639
平凡社ホームページ http://www.heibonsha.co.jp/
印刷・製本 シナノ書籍印刷株式会社
デザイン アルビレオ
著者写真 的野弘路

ISBN 978-4-582-83744-5 C0044 NDC分類番号448.9 B5判(25.7cm) 総ページ128